Andreas Lutz

Businessplan

Andreas Lutz

Businessplan

für Gründungszuschuss, Einstiegsgeld- und andere Existenzgründer

5., aktualisierte und erweiterte Auflage

Bibliografische Information der Deutschen Nationalbibliothek
Die Deutsche Nationalbibliothek verzeichnet diese Publikation in der Deutschen
Nationalbibliografie; detaillierte bibliografische Daten sind im Internet über
http://dnb.d-nb.de abrufbar.

ISBN 978-3-7073-0551-5 (Print)
ISBN 978-3-7094-0520-8 (E-Book-ePub)
ISBN 978-3-7094-0519-2 (E-Book-PDF)

Es wird darauf verwiesen, dass alle Angaben in diesem Werk trotz sorgfältiger Bearbeitung
ohne Gewähr erfolgen und eine Haftung des Autors oder des Verlages ausgeschlossen ist.

Umschlag: buero8
Redaktion: Cornelia Rüping
Satz: LINDE VERLAG Ges.m.b.H., Wien 2014

© LINDE VERLAG Ges.m.b.H., Wien 2014
1210 Wien, Scheydgasse 24, Tel.: 01/24 630
www.lindeverlag.de
www.lindeverlag.at
Druck: Hans Jentzsch u Co. Ges.m.b.H.
1210 Wien, Scheydgasse 31

INHALT

Kapitel 6: Der Textteil: Diese Fragen muss Ihr Businessplan beantworten

VORWORT

Sie wollen sich mithilfe von Gründungszuschuss oder Einstiegsgeld selbstständig machen? Sie müssen einen Businessplan schreiben, an den nicht nur Sie selbst glauben, sondern der auch die fachkundige Stelle, den Agenturmitarbeiter und Banker überzeugt? Dann ist dieses Buch genau für Sie geschrieben. Denn der Businessplan von Gründungszuschuss- und Einstiegsgeld-Gründern unterscheidet sich ganz erheblich von dem für andere Gründungsformen.

Während bei klassischen Businessplänen die Personalkosten und vor allem die Planung der Investitionen sowie deren Finanzierung und Abschreibung mit ihren komplexen Auswirkungen auf Cashflow und Gewinn im Vordergrund stehen, spielt dies alles bei einer typischen geförderten Gründung eine vergleichsweise kleine Rolle. Entsprechend wenig haben herkömmliche Businessplan-Ratgeber mit der Realität kleiner Gründungen zu tun. Die Daten eines solchen Unternehmens lassen sich nur mit äußerster Mühe in das Zahlenkorsett dort vorgeschlagener Pläne bringen und sind dann wenig aussagekräftig.

Das Ziel einer Gründung mit Gründungszuschuss oder mit Einstiegsgeld ist zunächst einmal, den eigenen Lebensunterhalt durch die selbstständige Tätigkeit sicherzustellen. Mehr als 80 Prozent der Geförderten arbeiten auch drei Jahre nach der Gründung ohne Angestellte. 75 Prozent der geförderten Gründer kommen ohne Bankkredit aus, denn der Investitionsbedarf ist in der Regel eher gering: Mehr als 70 Prozent der Gründungen erfolgen im Dienstleistungsbereich – oft genügen deshalb ein Schreibtisch, ein Computer und ein Telefon, um die Arbeit aufzunehmen.

Sie machen sich wahrscheinlich zum ersten Mal in Ihrem Leben selbstständig, und zwar nicht mit der Übernahme eines bestehenden Unternehmens, sondern mit einer Neugründung. Hier setzt das vorliegende Buch an. Es ist speziell für „Einzelkämpfer" und kleine Unternehmen geschrieben, die mit Gründungszuschuss oder Einstiegsgeld gründen. Es zeigt Ihnen Schritt für Schritt, wie Sie Ihr Vorhaben so planen, dass Sie nicht nur Förderung erhalten, sondern auch die Erfolgschancen Ihrer Gründung optimieren.

Dr. Andreas Lutz   München, im Mai 2014

Kapitel 1:

Basiswissen zur Förderung

Worin unterscheiden sich Gründungszuschuss und Einstiegsgeld? Wer hat Anspruch auf die Förderung und wie wird sie beantragt? Welche Fallstricke gibt es dabei und was ist beim Timing zu beachten? Antworten auf diese grundlegenden Fragen gibt dieses Kapitel.

Gründungszuschuss und Einstiegsgeld

Der Gründungszuschuss entstand im August des Jahres 2006 aus der Zusammenlegung von Ich-AG und Überbrückungsgeld. Mit diesen Instrumenten war die Bundesagentur für Arbeit in den Jahren zuvor zum wichtigsten Förderer von Existenzgründern in Deutschland geworden. Von der Einführung der Ich-AG Anfang des Jahres 2003 bis zu ihrer Abschaffung wurden mit dem entsprechenden „Existenzgründungszuschuss" 400.000 Gründer gefördert, weitere 600.000 erhielten im gleichen Zeitraum Überbrückungsgeld. Den Gründungszuschuss haben inzwischen gut 750.000 Gründer in Anspruch genommen, weitere 170.000 haben das Einstiegsgeld bekommen.

Wissenschaftler sind sich einig, dass die Gründungsförderung zu den erfolgreichsten Instrumenten der Arbeitsmarktpolitik gehört. Die große Mehrheit der geförderten Gründer bleibt langfristig selbstständig. Wer in eine Anstellung zurückkehrt, tut dies mit zusätzlicher Erfahrung und verbesserten Chancen. Die Wahrscheinlichkeit, erneut arbeitslos zu werden, ist deutlich geringer als bei Nicht-Gründern.

Trotz dieser Erfolge schränkte die Bundesregierung Ende 2011 die Vergabe des Gründungszuschuss massiv ein, einerseits um Haushaltseinsparungen in Milliardenhöhe zu erzielen, andererseits um dem Fachkräftemangel in den Unternehmen entgegenzuwirken.

Die Zahl der geförderten Gründungen ging 2012 um 85 Prozent zurück, viele Anträge auf Gründungszuschuss wurden mit fadenscheinigen Begründungen abgelehnt, die vor Sozialgerichten keinen Bestand hatten. 2013 entspannte sich die Vergabepraxis deutlich, für 2014 und die folgenden Jahre zeichnet sich eine deutliche Ausweitung der Vergabe ab.

Noch immer allerdings halten viele Agenturen Gründungsinteressierte mit falschen Informationen von einer Antragstellung ab. „In Ihrer Branche/ mit Ihren speziellen Qualifikationen haben Sie keine Chance auf den Gründungszuschuss", bekommen Gründer noch immer massenhaft zu hören.

Es ist eine harte Probe. Aber: Wer sich durch solche Aussagen nicht verunsichern lässt und einen guten Businessplan vorlegt, wird die Förderung in aller Regel erhalten. Und das lohnt sich:

→ Beim Gründungszuschuss geht es um eine Menge Geld: Er wird während der ersten sechs Monate nach der Gründung ausgezahlt und entspricht dem Arbeitslosengeld I zuzüglich eines Zuschlags von 300 Euro. Daran schließt sich eine zweite Phase an, während der der Gründer dann neun Monate lang nur noch die Pauschale in Höhe von 300 Euro erhält. Ein verheirateter Gründer mit Kind, der zuvor ein Einkommen oberhalb der Beitragsbemessungsgrenze (vergleiche dazu die Angaben unter www.jeder-ist-unternehmer.de/basisdaten) verdient hat, kann ungefähr 18.000 Euro Gründungszuschuss erhalten, ein Alleinstehender ohne Kind bis zu rund 15.000 Euro.

Der Gründungszuschuss ist ein Geschenk des Staates. Sie dürfen beliebig viel dazuverdienen und müssen die Förderung nicht zurückzahlen. Zudem ist der Gründungszuschuss steuerfrei und sogar vom Progressionsvorbehalt befreit. Dies bedeutet: Das Finanzamt behandelt Sie so, als hätten Sie gar keine Förderung erhalten, auf das zusätzlich erwirtschaftete Einkommen werden zunächst nur die niedrigeren Eingangssteuersätze erhoben.

Der Gründungszuschuss wird mit Ihrem Arbeitslosengeld I-Anspruch verrechnet. Das heißt: Wenn Sie Anspruch auf zwölf Monate Arbeitslosengeld haben und nach vier Monat gründen, bleiben nach sechs Monaten Förderung nur noch zwei Monate Arbeitslosengeldanspruch übrig.

Allerdings können Sie zu Beginn der Selbstständigkeit freiwilliges Mitglied der Arbeitslosenversicherung werden und auf diese Weise einen neuen Anspruch aufbauen. Bitte beachten Sie dazu die Hinweise auf unserer Serviceseite zu diesem Thema unter www.jeder-ist-unternehmer.de/freiwillige-alv.

→ Das Anfang 2005 gleichzeitig mit dem Arbeitslosengeld II eingeführte Einstiegsgeld ist sehr viel weniger attraktiv als der Gründungszuschuss. Es kann bis zu zwei Jahre ausgezahlt werden, in der Praxis wird es jedoch meist nur für sechs bis zwölf Monate bewilligt. Es beträgt 50 Prozent des Arbeitslosengeld-II-Regelbedarfs und wird zusätzlich zu diesem ausgezahlt. Beispiel: Der Regelbedarf für Alleinstehende beträgt 391 Euro. Die Hälfte davon sind 195,50 Euro. In der Summe erhält ein geförderter Alleinstehender also 586,50 Euro pro Monat zusätzlich zu Miete und Heizkosten. Für jedes zusätzliche Familienmitglied erhöht sich das Einstiegsgeld um weitere zehn Prozent des Regelsatzes, also um rund 39 Euro.

Ihre Einkünfte aus selbstständiger Tätigkeit werden mit dem Arbeitslosengeld-II-Anspruch verrechnet. Nur ein Teil davon bleibt anrechnungsfrei: Ohne einen Nachweis dürfen Sie 100 Euro für Werbungskosten vom Umsatz abziehen, gegen Nachweis auch mehr. Vom Überschuss dürfen Sie bei einem Betrag von bis zu 800 Euro 20 Prozent behalten, vom darüber hinausgehenden Überschuss zehn Prozent. Dies ist möglich bis zur Obergrenze von 1.200 Euro für Arbeitslose ohne Kinder und bis zu 1.500 Euro für Arbeitslose mit Kindern. Beispiel: Von 600 Euro Gewinn können Sie ohne Nachweis 100 Euro für Werbungskosten geltend machen. Von den verbleibenden 500 Euro können Sie noch einmal 20 Prozent (also 100 Euro) als Hinzuverdienst behalten. Die restlichen 400 Euro mindern Ihren Arbeitslosengeld-II-Anspruch.

Wer hat Anspruch auf Förderung?

Zuerst sollten Sie klären, ob Sie überhaupt Anspruch auf Förderung haben und wie Sie bei der Antragstellung am besten vorgehen. Sie können den Gründungszuschuss beantragen, wenn Ihnen zum Zeitpunkt der Gründung noch mindestens 150 Tage Arbeitslosengeld I oder vergleichbare Leistungen der Bundesagentur für Arbeit zustehen. Dem Arbeitslosengeld I gleichgestellt sind in dieser Hinsicht die Arbeitsbeschaffungsmaßnahmen (ABM). Voraussetzung für einen Anspruch auf Arbeitslosengeld ist, dass Sie innerhalb einer Rahmenfrist von zwei Jahren vor Beginn der Arbeitslosigkeit mindestens zwölf Monate in die Arbeitslosenversicherung eingezahlt haben.

Aus der Anstellung heraus gründen

Wenn Sie die Arbeitslosigkeit selbst herbeiführen, zum Beispiel indem Sie kündigen oder einem Aufhebungsvertrag zustimmen, werden Sie von der Agentur für Arbeit mit einer Sperrzeit belegt, sofern Sie keine wichtigen (zum Beispiel gesundheitlichen) Gründe nachweisen können. In dieser Zeit erhalten Sie kein Arbeitslosengeld und sind zunächst nicht über die Arbeitsagentur sozialversichert. Bis 2011 konnten Sie Gründungszuschuss auch dann erhalten, wenn Sie bereits während der Sperrzeit gegründet hatten. Heute sollten Sie in Hinblick auf die Förderung versuchen, eine Sperrzeit zu vermeiden beziehungsweise erst mit ausreichendem zeitlichem Abstand nach Auslaufen der Sperrzeit gründen. Informieren Sie sich möglichst frühzeitig über den aktuellen Stand der Vergabepraxis, zum Beispiel im Rahmen des kostenlosen Gründungszuschuss-Webinars www.jeder-ist-unternehmer.de/gz_webinar. Kündigen Sie nicht unbedacht und besprechen Sie die Schritte, die Sie planen, am besten vorab mit einem erfahrenen Gründungsberater.

Fachkundige Stellungnahme

Zur Beantragung von Gründungszuschuss, häufig auch von Einstiegsgeld, benötigen Sie eine fachkundige Stellungnahme, in der ein Experte die Tragfähigkeit Ihres Vorhabens bescheinigt. Es handelt sich dabei nicht um eine frei formulierte Stellungnahme, sondern um ein Formular, das korrekt auszufüllen und von einem Experten, zum Beispiel einem Gründungsberater, Steuerberater oder einer Kammer, zu unterschreiben ist.

Bis Ende 2011 stellte der Stempel der fachkundigen Stelle quasi eine Garantie für die Bewilligung des Gründungszuschusses dar. Heute handelt es sich noch immer um eine notwendige, aber keinesfalls ausreichende Voraussetzung, denn mangelnde Tragfähigkeit ist nur einer von mehreren potenziellen Ablehnungsgründen. Deshalb empfiehlt es sich, einen erfahrenen Gründungsberater auszuwählen, der Sie nicht nur beim Schreiben des Businessplans begleitet, sondern auch durch den Prozess der Antragstellung.

Tipp

• •

ZUR AUSWAHL DES GRÜNDUNGSBERATERS

Wählen Sie einen Gründungsberater, der unabhängig ist und mit dem Sie über alles sprechen können, auch über Ihre Zweifel und Unsicherheiten, ohne gleich eine Ablehnung Ihres Businessplans befürchten zu müssen. Fragen Sie Ihren Berater, ob er selbst unternehmerisch tätig ist und wie häufig er fachkundige Stellungnahmen erstellt. Häufig genug, um über die Förderinstrumente auf dem Laufenden zu sein? Er sollte aber auch auf keinen Fall den Eindruck erwecken, Fließbandarbeit auszuführen!

Geschwindigkeit, Flexibilität und unbürokratisches Verhalten sind weitere wichtige Auswahlkriterien. Dazu fragen Sie am besten nach Ablauf und Dauer des Verfahrens und danach, wann welche Unterlagen vorgelegt werden müssen.

Zum Preis: Ein erfahrener Gründungsberater verlangt typischerweise ein Honorar von 90 bis 100 Euro pro Stunde. Ab einem gewissen Beratungsvolumen ist eine solche Beratung häufig förderfähig. Sehen Sie das Honorar auch in Relation zur Höhe des Gründungszuschusses, den Sie bei erfolgreicher Antragstellung erhalten.

Fallstricke

Ihr Anspruch auf Arbeitslosengeld und damit Gründungszuschuss hängt davon ab, ob Sie selbst oder Ihr Arbeitgeber kündigt, aus welchen Gründen dies geschieht, ob die Kündigungsfrist eingehalten wird. Sich auszukennen lohnt sich. Beachten Sie neben den folgenden Punkten auch die in Kapitel 8 beschriebenen Ablehnungsgründe.

Ruhezeiten

Zu einem Ruhen des Arbeitslosengeldanspruchs kann es kommen, wenn Sie sich Urlaubsansprüche auszahlen lassen oder einer vorzeitigen Beendigung des Arbeitsvertrags, in der Regel gegen Auszahlung der ausstehenden Gehälter, zustimmen. Die Arbeitsagentur behandelt Sie dann so, als wären Sie bis zum eigentlichen Kündigungstermin noch angestellt. Die Arbeitslosigkeit und die damit verbundenen Ansprüche greifen erst, wenn die Ruhezeiten abgelaufen sind.

Sperrzeit wegen verspäteter Meldung

Eine einwöchige Sperrzeit kann verhängt werden, wenn Sie sich nach Erhalt oder Einreichen der Kündigung oder nach Ihrer Zustimmung zu einem Aufhebungsvertrag nicht unverzüglich arbeitssuchend gemeldet haben. Dies müssen Sie innerhalb von drei Kalendertagen bei der für Sie zuständigen Arbeitsagentur persönlich tun. Bei längeren Kündigungsfristen und bei befristeten Arbeitsverhältnissen reicht eine Meldung drei Monate vor Auslaufen des Vertrags aus.

Auf Basis von Arbeitslosengeld II nur noch Anspruch auf Einstiegsgeld

Empfänger von Arbeitslosengeld II haben keinen Anspruch auf Gründungszuschuss. Ihnen steht nur das wesentlich weniger attraktive Einstiegsgeld als Förderung offen.

Kein Anspruch auf Förderung innerhalb der letzten 150 Tage des Arbeitslosengeld-I-Anspruchs

Überhaupt keinen Anspruch auf Gründungsförderung haben Sie, wenn Ihr Restanspruch auf Arbeitslosengeld I weniger als 150 Tage beträgt oder wenn Sie nach dem Auslaufen des Arbeitslosengeldes I mangels Bedürftigkeit kein Arbeitslosengeld II erhalten.

Tipp

BERECHNUNG IHRES ANSPRUCHS

Auf der Seite www.jeder-ist-unternehmer.de/hoehe finden Sie einen Rechner, mit dem Sie aus Ihrem Arbeitslosengeldanspruch die Höhe des Gründungszuschusses berechnen können. Wenn Sie noch kein Arbeitslosengeld beziehen, haben Sie die Möglichkeit, mit einem weiteren Rechner diesen zugrunde liegenden Anspruch abzuschätzen.

Ausgaben für Renten-, Kranken- und Pflegeversicherung

Beim Gründungszuschuss erhalten Sie bis zu 15 Monate lang 300 Euro monatlich Zuschuss zu Ihrer sozialen Absicherung. Dementsprechend sind Sie selbst für die Renten-, Kranken- und Pflegeversicherung verantwortlich.

→ Kümmern Sie sich insbesondere um die freiwillige Weiterversicherung in der gesetzlichen Krankenkasse. Ansonsten verlieren Sie den Versicherungsschutz bereits einen Monat nach der Gründung Ihres Unternehmens. Alternativ können Sie sich privat krankenversichern. Als Selbstständiger können Sie, ausreichend gute Gesundheit vorausgesetzt, aber auch noch später jederzeit in die private Krankenversicherung wechseln. Der Schritt will gut überlegt sein. Mit der Wahl der Krankenversicherung legen Sie auch fest, an wen Sie die Pflegeversicherungsbeiträge abführen.

→ Die meisten Selbstständigen verzichten auf eine freiwillige Mitgliedschaft in der gesetzlichen Rentenversicherung und sorgen lieber privat für das Alter vor. Bestimmte Gruppen von Selbstständigen sind jedoch Pflichtmitglieder in der gesetzlichen Rentenversicherung. Dazu gehören Handwerker in den ersten 216 Monaten ihrer Selbstständigkeit und zeitlich unbegrenzt Lehrer, Erzieher, Dozenten und in Pflegeberufen Tätige sowie Künstler und Publizisten.

In die Berechnung des Kranken- und Pflegeversicherungsbeitrags fließen nicht nur der Gewinn aus der selbstständigen Tätigkeit und eventuelle nichtselbstständige Einkünfte ein, sondern auch der Teil des Gründungszuschusses, der dem vorherigen Arbeitslosengeld entspricht. Die zusätzlich monatlich gezahlten 300 Euro für die soziale Absicherung werden allerdings nicht zur Beitragsbemessung herangezogen. Beispiel: Ein Gründer, der zuvor 1.000 Euro Arbeitslosengeld erhalten hat und jetzt zusätzlich zu seinen 1.300 Euro Gründungszuschuss einen Gewinn von 2.000 Euro erzielt, muss auf insgesamt 3.000 Euro Beiträge zahlen.

Untergrenze für die Beitragsbemessung sind bei Selbstständigen normalerweise drei Viertel der sogenannten Bezugsgröße (also 2.073,75 Euro). Während der Förderung mit Gründungszuschuss gilt jedoch eine ermäßigte Untergrenze in Höhe der halben Bezugsgröße (1.382,50 Euro). Die Beitragsbemessungsgrenze, die das obere Ende darstellt, beträgt demgegenüber einheitlich 4.050 Euro. Innerhalb des so festgelegten Intervalls werden die Beiträge einkommensabhängig berechnet:

→ Mit Inkrafttreten der Gesundheitsreform gilt seit 2009 ein einheitlicher Beitragssatz für gesetzliche Krankenversicherungen. Bei 15,5 Prozent Beitragssatz liegen die Beiträge für Gründungszuschuss-Bezieher je nach Einkommen zwischen 214 Euro und 628 Euro monatlich. Nach Auslaufen der Förderung steigt die Beitragsuntergrenze auf 321 Euro.

→ Der Beitragssatz zur Pflegeversicherung beträgt unabhängig von der gewählten Kasse 2,05 Prozent beziehungsweise 2,3 Prozent für Kinderlose.

Daraus errechnen sich für Bezieher des Gründungszuschusses Beiträge, die abhängig vom Einkommen zwischen 28 (32) Euro und 83 (93) Euro ausmachen. Nach Auslaufen der Förderung erhöht sich die Beitragsuntergrenze auf 43 (48) Euro.

Überschlagen Sie anhand dieser Werte die monatliche Belastung, die durch Kranken- und Pflegeversicherungsbeiträge auf Sie zukommt. Führen Sie die Rechnung am besten für zwei oder drei Einkommensszenarien durch (bei guter, mittlerer und schlechter Entwicklung). Wenn Sie von Ihrem künftigen Einkommen noch keine genaue Vorstellung haben, gehen Sie von Ihrem bisherigen Einkommen als Angestellter und Ihrem Arbeitslosengeldanspruch aus.

Bezieher von Einstiegsgeld sind über den Bezug von Arbeitslosengeld II sozialversichert

Wenn Sie sich mithilfe von Einstiegsgeld selbstständig machen, sind Sie zunächst noch im Rahmen des Arbeitslosengeld-II-Bezugs renten-, kranken- und pflegeversichert. Da Ihre Einkünfte aus selbstständiger Tätigkeit zu einem großen Teil mit dem Arbeitslosengeld II verrechnet werden, bestünde auch gar nicht der finanzielle Spielraum für eine eigene Vorsorge. Doch spätestens wenn sich die Umsätze positiv entwickeln und Sie nicht länger auf das Arbeitslosengeld II angewiesen sind, müssen Sie sich um eine eigenständige Sozialversicherung kümmern. Dann gelten die obigen Hinweise zur Sozialversicherung auch für Sie.

Wenn Ihr Gewinn zwar zur Deckung des Lebensunterhalts ausreicht, Sie aber durch die Zahlung der Kranken- und Pflegeversicherungsbeiträge wieder hilfebedürftig werden würden, übernimmt die Arbeitsagentur auf Antrag den Differenzbetrag und zahlt ihn entweder an Sie oder direkt an die Versicherung. Der Beitragszuschuss ist in § 26 Absatz 3 SGB II geregelt.

Das richtige Timing

Der entscheidende Termin ist der Tag der hauptberuflichen Unternehmensgründung – das Datum, das Sie in der Gewerbeanmeldung angeben, bei Freiberuflern das im Fragebogen des Finanzamtes. Bevor Sie gründen, müssen Sie auf jeden Fall bei der Arbeitsagentur die Antragsunterlagen für den Gründungszuschuss oder das Einstiegsgeld abholen, ansonsten ist die Gründung nicht förderfähig.

Wenn Sie bislang Arbeitslosengeld I bezogen haben, sind Sie ab dem Gründungstag nicht mehr arbeitslos, sondern selbstständig. Deshalb werden Sie von Ihrer Arbeitsagentur postwendend einen Aufhebungsbescheid über das Arbeitslosengeld I zu diesem Termin erhalten. Gut, wenn zu diesem Zeitpunkt bereits die Bewilligung der Förderung vorliegt. Die Antragsunterlagen können Sie zwar auch noch nach der Gründung abgeben, allerdings werden Sie dann auch erst danach erfahren, ob Sie die beantragte Förderung tatsächlich erhalten. Und: Diese wird erst nach der Bewilligung rückwirkend ab der Gründung ausgezahlt.

Gut zu wissen

TIMING BEI GRÜNDUNG MIT EINSTIEGSGELD

Bei einer Gründung aus dem Arbeitslosengeld-II-Bezug heraus endet die Arbeitslosigkeit nicht automatisch mit der hauptberuflichen Gründung. Zunächst findet lediglich eine Verrechnung der erzielten Einnahmen mit dem Arbeitslosengeld-II-Anspruch statt. Da die Arbeitsagentur erneut Vermittlungsversuche unternehmen wird, nachdem das Einstiegsgeld ausgelaufen ist, gilt auch hier: Beginnen Sie möglichst frühzeitig mit den Vorbereitungen, sodass Sie bei der Gründung schon auf einer guten Grundlage aufbauen und nach dem Auslaufen des Einstiegsgelds nachhaltige Erfolge vorweisen können.

Zu einem möglichst späten Zeitpunkt gründen

Viele Existenzgründer begehen einen schwerwiegenden Fehler: Sie gründen und machen sich erst im Anschluss daran Gedanken über die Akquisition und die Kundengewinnung. Bis sie dann ihre ersten Aufträge erhalten, Leistungen erbracht und diese in Rechnung gestellt und die Kunden ihre Rechnungen tatsächlich bezahlt haben, ist der Gründungszuschuss manchmal schon ausgelaufen. Es dauert oft länger als ein Jahr, bis ein Geschäft so richtig anläuft und die Einnahmen aus dieser Tätigkeit auch die Lebenshaltungskosten des Gründers halbwegs decken.

Wieder andere Gründer brauchen mehrere Monate, bis sie über ihre eigenen Visitenkarten und eine Website im Internet verfügen. Stellt sich dann heraus, dass keine ausreichende Nachfrage nach ihrer Dienstleistung oder ihrem Produkt besteht, ist es wahrscheinlich zu spät: Ihre Förderung ist schon angelaufen, es gibt kein Zurück mehr. Sie müssen kurzfristig und unter Zeitdruck auf ein anderes Projekt umsatteln oder ganz aufgeben.

Ein weiterer wichtiger Grund, nicht zu schnell zu gründen: Wenn Sie sich früh im Verlauf der Arbeitslosigkeit – oder sogar noch vor deren Beginn – auf eine Selbstständigkeit festlegen, zweifelt die Arbeitsagentur an, dass Sie je ernsthaft für eine Vermittlung in den Arbeitsmarkt zur Verfügung standen, und verweigert Ihnen mit dieser Begründung den Gründungszuschuss. Und damit ist die einmalige Chance, sich mithilfe staatlicher Förderung selbstständig zu machen, vertan. Daher sollten Sie erst dann gründen, wenn Sie zum einen optimal auf Ihre Geschäftstätigkeit vorbereitet sind und zum anderen unmittelbar nach der Gründung bereits erste Umsätze erzielen können.

Achtung

EINGESCHRÄNKTE WAHLFREIHEIT

Unter den beiden folgenden Bedingungen ist Ihre Wahlfreiheit bezüglich des Gründungstermins eingeschränkt:

→ Ihr Restanspruch auf Arbeitslosengeld I besteht nur noch wenig länger als drei Monate.

→ Ihre Kunden „drohen" bereits mit Aufträgen, sodass Sie sofort loslegen müssen.

In diesen Fällen ist der Zeitpunkt der Gründung vorgegeben. Sie haben nur wenig Zeit für die Vorbereitungen. Im ersten Fall müssen Sie möglicherweise Ihr Unternehmen starten, ohne dass konkrete Aufträge in Aussicht stehen.

Der wichtigste Tipp zum Timing lautet aber: Informieren Sie sich frühzeitig über den aktuellen Stand der Vergabepraxis und beginnen Sie auch gleich mit dem Schreiben des Businessplans und den übrigen Vorbereitungen! Das Verfassen des Businessplans, aber auch die Prüfung durch einen erfahrenen

Gründungsberater und die oft nötigen Überarbeitungen sowie die eigentliche Prüfung durch die Arbeitsagentur – das alles kann Wochen oder sogar Monate dauern. Und nicht jede Geschäftsidee stellt sich als tragfähig heraus. Sichern Sie sich deshalb ausreichend zeitlichen Spielraum, indem Sie möglichst früh anfangen. Ihr Ziel sollte es sein, dass die Bewilligung durch die Arbeitsagentur schon vor dem Gründungstermin vorliegt.

Vor der Gründung aktiv werden

Sie können schon vor der Gründung einiges unternehmen, um Ihr Unternehmen auf den Weg zu bringen. Dabei müssen Sie jedoch die Grenzen beachten, die Ihnen die Arbeitsagentur setzt, ansonsten gefährden Sie Ihren Anspruch auf Arbeitslosengeld sowie Gründungsförderung.

Selbstständige Nebentätigkeit neben dem Arbeitslosengeld-I-Bezug

Sie dürfen sich bis zu 14,9 Stunden pro Woche selbstständig betätigen und damit bis zu 165 Euro Gewinn monatlich anrechnungsfrei erwirtschaften. Darüber hinausgehende Einnahmen werden vom Arbeitslosengeld abgezogen. Bedenken Sie, dass es sich dabei um Ihren Gewinn handelt, nicht um den Umsatz. Außerdem können Sie 30 Prozent Ihres Umsatzes aus der Selbstständigkeit ohne Nachweis als Werbungskosten abziehen, de facto ist also ein Umsatz von 235 Euro monatlich möglich, ohne dass Ihr Arbeitslosengeld gemindert wird. Wenn Sie höhere Ausgaben nachweisen oder in einem Monat – in Absprache mit Ihrem Berater – eine Investition vorgenommen haben, können Sie auch einen höheren Umsatz anrechnungsfrei erzielen. Denn gegenüber der Arbeitsagentur machen Sie – anders als gegenüber dem Finanzamt – Investitionen im Monat der Anschaffung in voller Höhe als Ausgabe geltend und ziehen sie von Ihrem erzielten Umsatz ab.

Wenn die Differenz aus den Betriebseinnahmen und den Betriebsausgaben und Investitionen negativ ist, lässt sich der resultierende Fehlbetrag auf den nächsten Monat übertragen und mindert in diesem Zeitraum den Gewinn.

Die Arbeitszeit, die Sie der Arbeitsagentur melden müssen, gilt pro Woche und bezieht sich nicht nur auf bezahlte Leistungserbringung, sondern auch auf die Zeit, die Sie für Akquise und Vorbereitung aufwenden. Sobald Sie in einer Woche 15 Stunden oder mehr arbeiten, stehen Sie aus Sicht der Arbeitsagentur dem Arbeitsmarkt nicht mehr in vollem Umfang zur Verfügung – damit verlieren Sie Ihren Arbeitslosengeldanspruch.

Beachten Sie diese Obergrenze auch, wenn Sie Testkampagnen durchführen, um die Effektivität Ihrer Werbung zu prüfen. Öffentliche Verfügbarkeitsversprechungen, zum Beispiel „rund um die Uhr erreichbar", sind mit der Grenze von 15 Stunden nicht vereinbar. In jedem Fall müssen Sie Ihre selbstständige (oder auch nichtselbstständige) Nebentätigkeit vorab der Arbeitsagentur melden.

Vorsicht mit Nebenverdiensten unmittelbar vor der Gründung

In den vier Wochen vor der Gründung sollten Sie unbedingt darauf achten, dass Sie keine Nebenverdienste oberhalb des Freibetrags einnehmen. Dadurch mindert sich nicht nur Ihr Arbeitslosengeld entsprechend, sodass Sie von dem höheren Gewinn keinen Vorteil hätten. Ihr Gründungszuschuss berechnet sich dann auf Basis des geminderten Arbeitslosengeld-I-Anspruchs. Wenn Sie beispielsweise unmittelbar vor der Gründung 365 Euro (also 200 Euro zu viel) Gewinn machen, führt dies zu einer Kürzung des Gründungszuschusses um 200 Euro monatlich beziehungsweise über die ersten sechs Monate der Förderung um insgesamt 1.200 Euro. Diese ungerecht erscheinende Regelung ist gerichtlich bestätigt worden.

Arbeitslosengeld-I-Bezug für einen Auftrag unterbrechen

Stellen Sie sich vor, dass Sie einen ersten Auftrag erhalten, der Sie deutlich mehr als 15 Stunden pro Woche beansprucht. Allerdings können Sie nicht absehen, wann Sie den nächsten Auftrag bekommen werden. Es wäre nicht im Interesse der Arbeitsagentur, wenn Sie solche Arbeiten ablehnen müssten, mit denen Sie sich Referenzen schaffen und geschäftliche Kontakte aufbauen können. Deshalb gibt es die Möglichkeit, das Arbeitslosengeld phasenweise ruhen zu lassen und sich wochenweise in die Selbstständigkeit zu begeben.

Während dieser Zeit erhalten Sie kein Arbeitslosengeld und müssen sich selbst sozialversichern. Dafür dürfen Sie aber auch beliebig viel verdienen, ohne Ihren Anspruch auf Arbeitslosengeld zu gefährden.

Wie bei der selbstständigen Nebentätigkeit gilt auch hier: Sie müssen Ihren Berater vorab informieren, in diesem Fall sogar persönlich!

Was kann ich schon vor dem offiziellen Beginn der Selbstständigkeit tun?

Als Tag, an dem Sie Ihre Selbstständigkeit hauptberuflich aufnehmen, gilt das Datum, das Sie bei der Gewerbeanmeldung beziehungsweise als Freiberufler bei der steuerlichen Anmeldung angeben. Dabei ist zu beachten, dass Sie laut Gewerbeordnung zur Gewerbeanmeldung verpflichtet sind, sobald Sie sich „am allgemeinen wirtschaftlichen Verkehr" beteiligen.

Das heißt: Spätestens wenn Sie einen Laden eröffnen, eine Werbekampagne starten oder Leistungen erbringen, die Sie später in Rechnung stellen wollen, wird man von einem Beginn der Selbstständigkeit ausgehen. Eine Gewerbeanmeldung ist aber zum Beispiel nicht nötig, wenn Sie noch damit beschäftigt sind, Ihren Businessplan zu schreiben, Produkte zu konzipieren, potenzielle Kunden zu befragen, Marketingmaterialien und eine Website zu erarbeiten, Visitenkarten drucken zu lassen, Räume anzumieten oder eine (Laden-)Einrichtung zu kaufen.

Wenn Sie sich nicht sicher sind, ob eine bestimmte Aktivität eine Gewerbeanmeldung voraussetzt, können Sie bei der zuständigen Industrie- und Handelskammer anfragen. Auf jeden Fall sollten Sie vorsichtshalber schon vorab Ihren Antrag auf Gründungsförderung abholen und Ihren Berater bei der Arbeitsagentur über Ihre vorbereitenden Schritte informieren.

Oder melden Sie zunächst nebenberuflich ein Gewerbe an

Viele Arbeitsagenturen akzeptieren auch eine nebenberufliche Gewerbeanmeldung. Teilen Sie Ihrem Berater mit, dass Sie im Rahmen der 165-Euro-Regelung eine selbstständige Nebentätigkeit aufnehmen wollen und hierfür auch der guten Ordnung halber ein Gewerbe anmelden möchten. Machen Sie dabei deutlich, dass Sie dies als Vorbereitung auf die spätere hauptberufliche selbstständige Tätigkeit sehen, um deren Erfolgsaussichten zu steigern. Dies liegt natürlich auch im Interesse der Arbeitsagentur. Gehen Sie aber auch tatsächlich den Schritt in die Selbstständigkeit, wenn sich Ihre Businessplanung als tragfähig erweist und Sie sich vielleicht schon an der 165-Euro-Grenze bewegen.

Selbstständige Nebentätigkeit neben dem Arbeitslosengeld-II-Bezug

Beim Arbeitslosengeld-II-Bezug gibt es keinerlei zeitliche Grenze für Nebentätigkeiten. Sie können nach Rücksprache mit der Arbeitsagentur phasenweise auch 15 Stunden und mehr selbstständig (oder nichtselbstständig) tätig werden und auf diese Weise Erfahrungen mit der geplanten Selbstständigkeit sammeln. Allerdings werden die Einkünfte wie bereits beschrieben zu einem großen Teil mit dem Arbeitslosengeld-II-Anspruch verrechnet.

Kapitel 2

Finden Sie die passende Geschäftsidee

Am Anfang jedes Businessplans steht zunächst einmal eine Geschäftsidee. Sie stellt sozusagen die Keimzelle dar, aus der der gesamte Businessplan wächst. Erfüllt Ihre Geschäftsidee die im Folgenden beschriebenen drei Bedingungen? Oder sind Sie noch auf der Suche nach einer zündenden Idee? Was dabei zu beachten ist, erfahren Sie in diesem Kapitel.

Was macht eine gute Geschäftsidee aus?

Wenn Sie sich selbstständig machen wollen, sollten Sie eine Geschäftsidee finden,

1. in die Sie möglichst viel von Ihrem bisher erworbenen Know-how einbringen können. Sie sollte also möglichst auf einer Tätigkeit beruhen, bei der Sie nicht ganz von vorne anfangen müssen.
2. die zu Ihnen und Ihren persönlichen Stärken passt, Ihnen auch langfristig Spaß macht und dadurch innere Energien freisetzt.
3. nach der echte Nachfrage besteht, mit der Sie also dauerhaft ausreichend Geld verdienen können, um Ihren Lebensunterhalt zu sichern.

Ideal ist es, wenn alle drei Bedingungen erfüllt sind. Oft widersprechen sich jedoch die erste Bedingung („Erfahrung") und die zweite („Spaß") so sehr, dass Sie sich bewusst für oder gegen einen beruflichen Neuanfang entscheiden müssen. Die dritte Bedingung („Nachfrage") muss immer gegeben sein. Diese Voraussetzung ist so wichtig, dass sie uns weit über dieses Kapitel hinaus beschäftigen wird.

Oft ist die Geschäftsidee ganz naheliegend

Die Arbeit, die Sie bisher als Angestellter gemacht haben, wollen Sie künftig als Selbstständiger anbieten. Das ist gut, denn Sie verfügen über das nötige fachliche Know-how. Vielleicht spezialisieren Sie sich auf einen Aspekt Ihrer bisherigen Tätigkeit, der Ihnen besonders viel Freude bereitet hat. Eventuell können Sie diese Leistung als Selbstständiger preisgünstiger oder in höherer Qualität anbieten als Ihr bisheriger Arbeitgeber. Wenn Sie Glück haben, ist es möglich, Kunden Ihres Arbeitgebers zu übernehmen, oder Ihr bisheriger Arbeitgeber selbst wird Ihr erster Auftraggeber. Was auch immer auf Sie zutrifft, entscheidend für Ihren Erfolg ist, dass Sie in der Lage sind, schnell und in ausreichender Zahl zusätzliche Kunden zu akquirieren. Der Businessplan wird Ihnen dabei helfen herauszufinden, ob Ihre Geschäftsidee dies hergibt.

Oder wollen Sie etwas ganz Neues anfangen?

Vielleicht ist es bei Ihnen aber auch ganz anders: Sie möchten gerade nicht dasselbe machen wie bisher. Die Branche, aus der Sie kommen, befindet sich in einer Krise. Oder Ihre Tätigkeit hat Ihnen einfach keinen Spaß mehr gemacht. Sie wollen etwas Neues beginnen. Dann müssen Sie an Ihrer Geschäftsidee noch feilen oder überhaupt erst eine finden, die zu Ihnen und Ihren Fähigkeiten passt. Auch dann gilt: Sobald Sie eine Idee näher ins Auge fassen, überprüfen Sie die Umsetzbarkeit, indem Sie einen Businessplan erstellen.

Besteht ausreichend Nachfrage?

Ein Unternehmer sieht Chancen, wo andere sich ärgern, etwas vermissen oder über Probleme klagen: Er erkennt ein bestimmtes Bedürfnis. Um dieses zu befriedigen, kann es durchaus genügen, vorhandene Informationen und Lösungen neu zu kombinieren. Der Schlüssel zum Erfolg ist das genaue Verständnis dessen, was der potenzielle Kunde will. Das gilt vor allem, wenn dessen Wünsche bisher von anderen nicht so klar wahrgenommen wurden und diese durch Ihr Angebot bequemer oder billiger befriedigt werden können.

Viele schöne Geschäftsideen kranken aber daran, dass es einfach nicht genug Nachfrage nach der Leistung gibt, die angeboten werden soll. Freunde und Bekannte finden die Idee vielleicht witzig und originell, aber zu wenig Leute wären bereit, für das Produkt oder die Dienstleistung auch tatsächlich Geld auszugeben. Um dies herauszufinden, sollten Sie prüfen, ob Ihre Geschäftsidee tragfähig ist und potenzielle Kunden überzeugen kann. Wie Sie dies feststellen können, erfahren Sie in Kapitel 4.

Wann sollten Sie einen Neuanfang wagen?

Viele Angestellte entfernen sich im Lauf ihrer beruflichen Entwicklung immer weiter von den Tätigkeiten, die ihnen wirklich Freude bereiten. Im Interesse der Karriere, mit Rücksicht auf den Betrieb oder mangels Alternativen haben sie sich weit von dem wegbewegt, was sie eigentlich tun wollen und was ihren Fähigkeiten am besten entspricht. Wer dann – trotz all dieser Opfer und Kompromisse – arbeitslos wird, ist meist tief enttäuscht. Die dem Arbeitgeber entgegengebrachte Loyalität wurde nicht honoriert.

Es liegt in der Logik dieser Situation, dass dadurch auch das eigene Selbstbewusstsein stark erschüttert wird. Ein derartiges Scheitern kann verschiedene Ursachen haben, die mit der Marktentwicklung oder dem Wettbewerb in der Branche Ihres Arbeitgebers, den eigenen Fähigkeiten oder auch Ihrer persönlichen Entwicklung zu tun haben. Nehmen Sie eine schonungslose Analyse Ihrer eigenen Situation vor. Letztlich stehen Sie vor der Alternative, ob Sie sich weiterhin in Ihrem bisherigen Arbeitsfeld betätigen oder einen neuen Weg beschreiten wollen.

Nehmen Sie sich eine Auszeit und experimentieren Sie

Wenn Sie Ihre Stelle gerade erst verloren haben oder nach einer Phase hektischer Bewerbungen zu dem Schluss kommen, dass Sie in absehbarer Zeit keine angemessene Stelle finden werden, sollten Sie sich bewusst einige Wochen Auszeit gönnen. Bewerben Sie sich währenddessen nicht weiter, sondern legen Sie eine Phase der Besinnung ein, in der Sie sich Ihrer Trauer über den Verlust des Bisherigen ganz bewusst stellen und sich dabei zugleich für neue Dinge öffnen.

Unternehmen Sie etwas, das Sie persönlich schon lange tun wollten, wofür Sie aber nie Zeit hatten. Verlassen Sie alte Bahnen und lernen Sie etwas Neues: zum Beispiel in einem Intensiv-Sprachkurs, wenn Sie schon lange eine Fremdsprache lernen wollten. Oder wandern Sie quer über die Alpen nach Italien. Am besten wählen Sie etwas aus, das Ihnen Spaß macht und ein wenig ungewöhnlich ist. Planen Sie dieses Vorhaben ruhig auch ohne Ihren Partner oder Ihre Familie, sodass Sie bei diesem Abenteuer neue Menschen kennenlernen können.

Wenn Sie sich darauf einlassen, gewinnen Sie Distanz zu Ihrem „bisherigen Leben", Sie öffnen sich für die anstehenden Veränderungen und gewinnen neues Vertrauen in Ihre Fähigkeiten, Unbekanntes kennenzulernen und ausstehende Probleme eigenständig zu lösen. Bald schon werden Sie Ihre neu gewonnene Freiheit schätzen.

Nach dieser Auszeit sollten Sie sich aktiv auf die Suche begeben. Experimentieren Sie, machen Sie möglichst viele neue Erfahrungen, um herauszufinden, wo Ihre berufliche Zukunft liegen könnte. Nehmen Sie sich auch dafür bewusst einige Wochen Zeit. Setzen Sie sich nicht unter Erfolgsdruck, die erste Idee muss nicht gleich die richtige sein. Geben Sie sich den Raum, Neues auszuprobieren, und lassen Sie sich von Ihren Interessen und Wünschen leiten.

Was Sie sich fragen sollten

Um einer passenden Idee näher zu kommen, können Sie sich die folgenden Fragen stellen: Welche Aspekte meines Berufs machen mir am meisten Spaß? Welche meiner Fähigkeiten werden von meinen Kollegen besonders geschätzt? Bei welchen Aufgaben bin ich erfolgreich? Oder bin ich in meinem Freundeskreis bekannt für ein bestimmtes Hobby oder privates Engagement?

Sie können während dieser Zeit zum Beispiel ein ehrenamtliches Engagement oder eine nebenberufliche Tätigkeit ausüben, eine kurze Ausbildung absolvieren oder ein Hobby intensivieren. Ihr Ziel dabei ist nicht, dass Sie sich beschäftigt halten, sondern Sie werden viel über sich lernen und nach und nach herausfinden, wie Ihre Zukunft aussehen könnte.

Vielleicht führt Sie Ihr Interesse an einem ganz bestimmten Thema direkt zu Ihrer Zielgruppe, die für Ihre künftige Firma von Bedeutung ist. Vielleicht wissen Sie auch schon seit langem, dass Sie künftig mit einer bestimmten Gruppe von Menschen mehr zu tun haben wollen. Dann können Sie die Experimentierphase nutzen, um ganz ohne Erfolgsdruck mit dieser Zielgruppe in Kontakt zu kommen und Genaueres über ihre Bedürfnisse zu erfahren.

Tipp

LASSEN SIE SICH BERATEN

Dieser Erkenntnisprozess lässt sich intensivieren und unterstützen, indem Sie Beratung in Anspruch nehmen. Inzwischen gibt es Coaches, die sich auf das Thema Zielfindung und -erreichung spezialisiert haben. Sie helfen dabei, die richtigen Ziele zu finden. Auch das Gespräch mit anderen, die sich in derselben Situation wie Sie befinden oder schon einen Schritt weiter sind, wird Ihnen helfen zu entdecken, was Sie wirklich wollen.

Gute Geschäftsideen übernehmen

Häufig zerbrechen sich zukünftige Gründer lange den Kopf, um auf eine möglichst ausgefallene Idee zu kommen. Doch Sie müssen nicht unbedingt eine eigene Geschäftsidee entwickeln und das Rad neu erfinden. Es kann sehr viel aussichtsreicher sein, eine Geschäftsidee zu übernehmen, die bereits erfolgreich erprobt wurde.

Erfolgreiche Vorbilder nachahmen

Oft kommen demjenigen die besten Ideen, der über den Tellerrand schaut – ins Ausland, vor allem in die USA, oder in andere Branchen, die in dem für ihn wichtigen Zusammenhang führend sind. Eine Position weit vorn hat häufig mit der Verbreitung von Basistechnologien zu tun: Die USA sind uns bei der Verbreitung vieler neuer Technologien um Jahre oder doch zumindest viele Monate voraus. Das lässt sich zum Beispiel am Prozentsatz der Bevölkerung mit Internetzugang messen. Neue Produkte und Dienstleistungen setzen häufig einen bestimmten Verbreitungsgrad einer solchen Basistechnologie voraus, weshalb sie in den USA sehr viel früher rentabel angeboten werden können als bei uns. Zudem bieten die USA einen größeren homogenen Binnenmarkt, sodass auch früher als bei uns die nötige absolute Marktgröße erreicht werden kann. Das ist einer der Gründe, warum viele Trends und neue Geschäftsmodelle, die in den USA Erfolg haben, mit ziemlich genau vorhersagbarer zeitlicher Verzögerung auch in Deutschland erfolgreich umgesetzt werden. Dies gilt natürlich ganz besonders für Computer und das Internet, aber beispielsweise auch für Bankprodukte wie Kreditkarten oder bestimmte Formen von Wertpapieren. Auch in Japan sind viele Technologien zuerst zur Marktreife gelangt: Faxgeräte, Fertigungsroboter, Digitalkameras und Flachbildfernseher etwa. Je nach Branche lohnt sich auch der Blick in andere Staaten, wie uns die Industriegeschichte zeigt: So war Skandinavien der führende Markt für Mobilfunk, Südkorea für Breitband-Internet, Frankreich für Smartcards und Dänemark für Windenergie. Oft sind diese Technologien in anderen Ländern erfunden worden, doch entscheidend ist, wo sie sich früh verbreitet haben.

Auch der Blick in andere Branchen kann hilfreich sein, zum Beispiel, weil die Kunden dort im Durchschnitt jünger sind. Hier verbreiten sich neue

Technologien, Vertriebsmethoden, Preismodelle usw. generell früher als in Branchen mit eher konservativen Kunden. Und Trends, die Sie in einer besonders fortschrittlichen Branche entdecken, lassen sich möglicherweise ebenso auf etabliertere Geschäftsbereiche übertragen – ebenfalls mit relativ genau berechenbarer zeitlicher Verzögerung.

Auf diese Weise bieten sich Chancen für Neugründer, die Lücken mit einer eigenen Geschäftsidee zu füllen. Ein erster Schritt, um mehr über Entwicklungen in anderen Ländern oder Branchen zu erfahren, besteht darin, ausländische Zeitungen, Wirtschafts- und Fachzeitschriften sowie das Internet auf solche Tendenzen hin zu überprüfen, um entsprechende Informationen aufzuspüren.

Geschäftsideen vom laufenden Band

Zudem gibt es Verlage und Internetseiten, die es sich zur Aufgabe gemacht haben, systematisch Geschäftsideen zu sammeln und ausführliche Beschreibungen anzubieten – einzeln oder im Abonnement. Aber Vorsicht: Mit diesen Ideen verhält es sich ähnlich wie mit Erfolgsgeschichten über originelle Gründungen, die in Zeitungen und Zeitschriften zu finden sind. Um eine große Zielgruppe anzusprechen, werden sehr oft solche Unternehmen vorgestellt, die von jedermann ohne irgendeine spezifische berufliche Erfahrung realisiert werden können. Daher wird sich möglicherweise eine ganze Reihe von Nachahmern zeitgleich mit genau der gleichen Idee selbstständig machen.

Tipp

VORSICHT BEIM IDEENSAMMELN

Manche dieser Einfälle sind zuvor nur ein einziges Mal umgesetzt worden, wenn überhaupt. Achten Sie daher darauf, ob der zitierte Gründer bereits erfolgreich agiert oder ob er sein originelles Vorhaben deswegen in die Medien bringt, weil er selbst noch auf der Suche nach Kunden ist.

Sicher spricht nichts dagegen, sich in Zeitungen, Zeitschriften oder im Internet Anregungen zu holen, solange Sie ein potenzielles Geschäftsmodell genauso kritisch hinterfragen und testen, als wäre es Ihre eigene Idee.

Franchise

Das bekannteste Beispiel für ein Franchise-Unternehmen ist McDonalds. Der Vorteil dieser Art der Gründung: Sie bekommen einen fertigen und erprobten Plan für den Aufbau Ihres Geschäfts. Der Businessplan, die Produkte, die Marketinginstrumente – alles ist schon vorhanden und meist in einem umfangreichen Handbuch dargestellt. Viele, wenn auch keineswegs alle Franchise-Systeme sind bereits am Markt etabliert oder verfügen über eine bekannte Marke. Einkauf und Marketing erledigt häufig der Franchise-Geber, ganz so, als würden Sie lediglich die Filiale einer großen Kette leiten.

DIE KOSTENFALLE

Was zu beachten ist: Bevor Sie das Unternehmenskonzept lesen dürfen, müssen Sie eine Art Schutzgebühr bezahlen. Weitere Einstiegsgebühren und Kosten für Trainings und Einarbeitung kommen hinzu. Außerdem verpflichten Sie sich dazu, einen gewissen Prozentsatz Ihrer Einnahmen für die Franchise-Lizenz und für Marketingmaßnahmen an den Franchise-Geber abzugeben. Mit dem Einkauf, der über den Franchise-Geber abläuft, können ebenfalls zusätzliche versteckte Kosten verbunden sein.

Wenn Sie diese Art der Selbstständigkeit ins Auge gefasst haben, sollten Sie das Franchise-Konzept sorgfältig prüfen. Achten Sie darauf, ob der Franchise-Geber Mitglied im Franchise-Verband ist. Beschäftigen Sie sich mit den folgenden Fragen: Wie viele Franchise-Betriebe hat der Franchise-Geber bereits aufgebaut? Wie viele davon werden selbst betrieben, wie viele durch Partner? Sprechen Sie mit Franchise-Nehmern an anderen Orten. Vergessen Sie nicht, dass der Franchise-Geber kein Arbeitgeber ist, sondern ein unabhängiger Geschäftspartner, der teilweise ganz andere Interessen verfolgt als Sie.

Tipp

VERSCHAFFEN SIE SICH EINEN ÜBERBLICK

Interessant und lehrreich ist ein Blick auf die Vielfalt der Geschäftsmodelle von Franchise-Gebern auf jeden Fall. Damit erhalten Sie gute Einblicke in durchdachte Geschäftskonzepte. Auf www.jeder-ist-unternehmer.de/franchise finden Sie eine Übersicht über die wichtigsten Informationsquellen zum Thema Franchise.

Strukturvertriebe und Multi-Level-Marketing (MLM)

Strukturvertriebe wenden sich insbesondere an Menschen, die einen selbstständigen Nebenverdienst suchen, sprechen aber auch gezielt Arbeitslose an, die sich selbstständig machen wollen. Viele von ihnen bezeichnen sich als Direktmarketing-, Netzwerk- oder Multilevel-Marketing-Unternehmen. Gerne vergleichen sie sich mit Franchise-Unternehmen und zitieren wissenschaftliche Untersuchungen, um ihre Seriosität zu betonen. In der Regel ist es nicht einfach, Strukturvertriebe zu erkennen. Zwar gibt es sie in allen Branchen, doch besonders häufig vertreiben sie Finanzdienstleistungen, Haushaltswaren und Nahrungsergänzungsmittel. Typisch sind hier überhöhte Preise, die durch die vermeintlich besonders hohe Qualität der Produkte gerechtfertigt werden.

Die Produkte werden über ein Netzwerk von Vertriebsmitarbeitern verkauft, wobei jeder Vertriebsmitarbeiter sich wiederum „Unter-Vertriebsmitarbeiter" suchen kann, an deren Erfolg er dann prozentual beteiligt ist. Diejenigen, die in dieser Pyramide sehr weit oben stehen, können dadurch sehr viel Geld verdienen und werden neuen Mitarbeitern als Vorbilder präsentiert. Ihr Erfolg kommt aber primär durch die Gewinnung neuer Mitarbeiter, nicht durch den Verkauf von Produkten zustande.

Häufig bieten Strukturvertriebe Gründern fertige Businesspläne oder Textbausteine, aber auch Beratung bei der Erstellung von Businessplänen an. In vielen Fällen führt dies dazu, dass Anträge auf Förderung von der Arbeitsagentur bewilligt werden. Gelegentlich werden Strukturvertriebe mangels Alternativen sogar von den Mitarbeitern der Arbeitsagentur empfohlen. Aber:

Oftmals stellen sich die Annahmen in den Businessplänen als nur wenig realistisch heraus. Die Existenzgründung ist nicht erfolgreich und muss wieder aufgegeben werden. Damit ist die Chance einer geförderten Existenzgründung vertan. Lassen Sie Ihren Businessplan deshalb besser von einer vom Strukturvertrieb unabhängigen fachkundigen Stelle prüfen.

Unternehmensübernahme

Eine weitere Alternative, die ebenfalls mit Gründungszuschuss gefördert wird, ist die Übernahme oder Beteiligung an einem bereits etablierten Unternehmen. Das war nicht immer so. Bis Mitte des Jahres 2006 gab es eine Förderung hierfür nur in Ausnahmefällen.

Über den richtigen Umgang mit Ideen

Kaum haben Sie Ihr Geschäft halbwegs aufgebaut, sind auch schon die ersten Wettbewerber da. Egal, ob die Idee einfach in der Luft lag oder die Konkurrenten Ihr Vorbild nachgeahmt haben: Sobald Sie entdecken, dass ein anderer Gründer oder ein etabliertes Unternehmen etwas Ähnliches anbietet wie Sie, werden Sie sich fragen, ob Sie das nicht verbieten lassen können.

Der beste Schutz vor Nachahmern ist Schnelligkeit

Ganz klar: Gegen Nachahmer können Sie wenig tun. Geschäftsideen lassen sich rechtlich nicht schützen. Nur in den seltensten Fällen dürfte ein Produkt so innovativ sein, dass Sie ein Patent anmelden können. Das ist auch gut so, weil sonst wahrscheinlich große Konzerne alles Mögliche schützen lassen würden, um sich lästigen Wettbewerb vom Hals zu halten. Am besten ist es, die Geschäftsidee selbst umzusetzen und dem Wettbewerb immer einen Schritt voraus zu sein:

→ Wenn eine Zeitung Sie mit Ihrer neuartigen Geschäftsidee vorgestellt hat, werden es Wettbewerber schwer haben, dasselbe Medium zu nutzen.

→ Vereinbaren Sie Kooperationen mit attraktiven strategischen Partnern, sodass für Ihre Nachahmer letztlich nur weniger verlockende Möglichkeiten offenbleiben.

→ Sichern Sie sich die Zusammenarbeit mit den namhaftesten und rentabelsten Kunden in Ihrem Bereich.

→ Wenn Sie sich einen hohen Marktanteil in Ihrer Nische erobert haben, könnten sich für Sie bestimmte Werbeformen lohnen, die für kleinere Wettbewerber zu teuer sind.

→ Entwickeln Sie einen Markennamen, der für Qualität steht. Ihre Wettbewerber können dann dieselbe Leistung nur mit einem deutlichen Preisabschlag absetzen, weil sie weniger bekannt sind.

→ Lassen Sie sich immer wieder etwas Neues einfallen, um Ihre Leistung besonders zu machen: Sie liefern nicht nur die neue Matratze, Sie entsorgen auch die alte. Zieht der Wettbewerb nach, dann nehmen Sie die alte Matratze sogar für zehn Euro in Zahlung.[1]

Der Eintritt in den Markt – First Mover versus Second Mover Advantage

In manchen Fällen ist es besser, selbst der Nachahmer zu sein. Der Erste am Markt („First Mover") bezahlt teures Lehrgeld bei der Entwicklung von Produkten. Hingegen kopiert der Nachahmer („Second Mover") einfach das, was sich bereits bewährt hat, und verbessert es. Während der First Mover mühsam einen neuen Markt aufbaut, setzt sich der Second Mover ins gemachte Nest. Denken Sie daran: Viele Geschäftsideen funktionieren nur dann, wenn sie genau zum richtigen Zeitpunkt realisiert werden, nicht zu spät, aber auch auf keinen Fall zu früh. Fachleute sprechen von einem strategischen (Zeit-)Fenster („Window of Opportunity"), innerhalb dessen die idealen Bedingungen für den Einstieg in einen neuen Markt herrschen.

Wie sieht es mit Ihrer Idee aus? Hat sich das passende strategische Fenster geöffnet? Denken Sie darüber nach, denn auch wenn Ihre Leistung ganz konventionell ist, setzen Sie vielleicht auf eine ganz neue Art des Marketing oder des Vertriebs. Auch für die Einführung derartiger Methoden oder Vorgehensweisen kann es innerhalb Ihrer Zielgruppe einen idealen Zeitpunkt geben.

---

[1]   *Das Beispiel stammt von dem Münchener Marketingberater Emil Hofmann.*

Seien Sie kein Geheimniskrämer

Immer wieder gibt es Gründer, die am liebsten niemandem von ihrer Geschäftsidee erzählen wollen. Sie bereiten alles im Geheimen vor, um den Zeitvorsprung gegenüber potenziellen Nachahmern zu vergrößern. Oftmals stellt sich dann zur Enttäuschung der Gründer heraus, dass die Welt nicht nur nicht auf ihre Idee gewartet hat, sondern dass sie diese vielleicht überhaupt nicht versteht.

Von einer solchen Vorgehensweise kann nur eindringlich abgeraten werden. Wenn Sie mit anderen über Ihre Idee reden, haben Sie in der Regel viel mehr zu gewinnen als zu verlieren. Die Befragung von Kunden und anderen Mitspielern auf dem Markt ist ganz entscheidend, wenn Sie die Inhalte Ihres Businessplans argumentativ untermauern wollen. Vielleicht lernen Sie auf diese Art und Weise auch schon Ihre ersten Kunden kennen. Auf jeden Fall beschleunigen Sie durch Gespräche über die Geschäftsidee Ihren Lernprozess ganz erheblich. Zudem schützen Sie Ihre Idee durch das höhere Tempo, mit dem Sie dann vorgehen können.

Tipp

WAGEN SIE DEN ERSTEN SCHRITT

Welche Idee Sie auch immer realisieren wollen: Den Traum von der Selbstständigkeit können Sie sich nur erfüllen, wenn Sie bereit sind, den ersten Schritt zu gehen, der aus Ihren Gedanken Realität werden lässt.

Kapitel 3

Vom Geschäftsmodell über Preis- und Akquisitionsstrategie zur Umsatzplanung

Das Geschäftsmodell beantwortet die Frage, was Sie zu welchem Preis in welcher Menge verkaufen werden. Diese Rechnung, die ohne weiteres auf einen Bierdeckel passt, ist die Grundlage, auf der Umsatzplanung und Akquisitionsstrategie aufbauen. Was Sie bei Ihren Überlegungen hierzu beachten müssen, welche unterschiedlichen Modelle es gibt und welches davon zu Ihrer Geschäftsidee passt, steht in diesem Kapitel.

Welches Geschäftsmodell liegt Ihrer Idee zugrunde?

Ihr Geschäftsmodell lässt sich wahrscheinlich auf eine einfache Multiplikation reduzieren:

1. Zeiteinheiten × Preis,
2. Menge × Preis,
3. Umsatz × Umsatzanteil oder
4. Bestand × Bestandsrendite.

Eine dieser Formeln bestimmt Ihre Situation, hat also einen großen Einfluss darauf, wie Sie im Geschäftsleben denken und sich verhalten. In welche der vier Kategorien fällt Ihr Geschäftsmodell?

Fall 1: Zeiteinheiten × Preis

Die meisten Dienstleister verkaufen ihre Arbeitszeit, sie kalkulieren also mit Stunden oder Tagen („Manntage"). Ihr Umsatz berechnet sich als Produkt „Stunden × Stundensatz" oder „Tage × Tagessatz". Dabei besteht das Ziel darin, eine möglichst hohe zeitliche Auslastung zu erreichen, also einen möglichst hohen Anteil der Arbeitszeit auch tatsächlich in Rechnung zu stellen. Genau dieses Ziel bestimmt das Verhalten des Gründers.

Aus Sicht der Kunden besteht dabei möglicherweise die Gefahr, dass der Auftragnehmer „Stunden schindet". Aber auch wenn er auf Wunsch des Kunden statt eines Dienstvertrags einen Werkvertrag abschließt, also einen Festpreis für ein bestimmtes Werk oder Projekt anbietet, wird sich sein Angebot letztlich an seinem Zeitbedarf orientieren. Dabei wird er einen Zeitpuffer für unvorhergesehene zusätzliche Arbeiten einkalkulieren. Auch hier verkauft er also seine Arbeitszeit oder die seiner Mitarbeiter, wobei er jedoch dem Kunden zumindest zum Teil das Risiko einer falschen Aufwandsschätzung abnimmt.

Fall 2: Menge × Preis

Wenn sich eine Leistung mengenmäßig erfassen lässt, kann ein Unternehmer seinen Kunden auch im Dienstleistungsbereich einen Stückpreis anbieten. So rechnen zum Beispiel Journalisten, Übersetzer, aber auch Büroservice-Anbieter nach Worten, Zeilen oder Seiten ab. Ein Kurierfahrer, der Pakete ausfährt, erhält meist ebenfalls eine mengenabhängige Vergütung – pro ausgeliefertes Paket. Er wird daher versuchen, möglichst viele Auslieferungen an einem Tag zu schaffen. Ein Taxifahrer wiederum, der in erster Linie nach den gefahrenen Kilometern bezahlt wird, ist an möglichst langen Strecken interessiert.

Fall 3: Umsatz × Umsatzanteil

Egal ob es sich um ein Ladengeschäft handelt oder Waren über eBay versteigert werden, im Handel lautet das Geschäftsmodell fast immer Umsatz × Handelsspanne. Oder analog für Agenturen und Vertreter: Umsatz × Provisionssatz. Der Umsatz stellt hier sozusagen die Mengenkomponente dar und die Handelsspanne oder der Provisionssatz die Preiskomponente. Bei der Vermittlung von Finanzdienstleistungen (zum Beispiel Lebensversicherungen, Fondsanlagen) besteht die Mengenkomponente im Anlagebetrag.

Nicht selten wird auch hier direkt in „Menge × Preis" gedacht, besonders bei Vertretern, deren Durchschnittsumsatz relativ konstant ist: Ein durchschnittlicher Abschluss (zum Beispiel ein verkauftes Zeitschriftenabonnement, ein verkaufter Staubsauger) bringt x Euro. An einem guten Tag sind x Abschlüsse möglich.

Fall 4: Bestand × Bestandsrendite

In manchen Branchen wird in Bestandsgrößen gedacht: die Zahl der verwalteten Wohnungen, die Anzahl der Abonnenten, der zahlenden Mitglieder, des Vermögens unter Verwaltung. Hier stellt der Bestand die Mengenkomponente dar, aus der sich direkt der Umsatz berechnen lässt. Ein Vermögensberater, der zehn Millionen Euro verwaltet und im Durchschnitt eine jährliche Verwaltungsvergütung von 0,9 Prozent erhält, erzielt Einnahmen von 90.000 Euro. Sein Denken und Handeln zielt auf die Steigerung des von ihm verwalteten Vermögens, sei es durch eine gute Wertentwicklung, die Gewinnung neuer Kunden oder zusätzliche Gelder vorhandener Kunden.

BEISPIEL

Gleiche Branche - unterschiedliche Geschäftsmodelle

Das Geschäftsmodell kann sich bei ein und derselben Tätigkeit erheblich unterscheiden, wie das folgende Beispiel zeigt:

➜ Viele Trainer arbeiten ausschließlich für Unternehmen. Ihr Kunde ist meist die Personalabteilung. Der Seminartag hat einen relativ konstanten Preis, der unabhängig davon ist, wie viele Mitarbeiter an dem Seminar teilnehmen. Das Geschäftsmodell lautet „Seminartage × Tagespreis".

➜ Wenn ein Trainer dasselbe Seminar am „freien Markt" anbietet, hängt sein Umsatz von dem Produkt „Zahl der Teilnehmer × Teilnehmerpreis" ab.

Trotz identischer Inhalte der Trainings und Qualifikation des Trainers sind die beiden Geschäftsmodelle im Beispiel völlig unterschiedlich. Zudem unterscheiden sich Marketing und Vertrieb und somit die Kostenseite ganz erheblich. Deshalb ist fast immer eine klare Entscheidung nötig, ob das eine oder das andere Geschäftsmodell verfolgt werden soll.

Reicht eine einfache Multiplikation aus?

Sicherlich steckt in der Reduktion des Geschäftsmodells auf eine derartige Rechnung eine gewisse Vereinfachung, besonders wenn verschiedene, sehr unterschiedliche Leistungen angeboten werden. Nicht immer reicht eine einfache Multiplikation aus:

➜ Wenn zum Beispiel ein Handelsvertreter ein Fixum erhält, dann lautet sein Geschäftsmodell „Fixum + (Umsatz × Provision)".

➜ Wenn eine Werbeagentur einerseits ihre Arbeitszeit in Rechnung stellt und andererseits auf für Kunden eingekaufte Leistungen den sogenannten Agenturrabatt erhält, heißt das Geschäftsmodell „(Bearbeitertage × Tagessatz) + (eingekaufte Leistungen × Agenturrabatt)".

Das Nutzenversprechen

Letztlich sind die Kunden oder die an einem Geschäft Beteiligten nicht bereit, für die vielen Aspekte und Bestandteile einer Gesamtleistung Einzelpreise zu bezahlen. Es ist daher notwendig, einen zentralen Nutzen oder Kaufanreiz festzulegen und das Geschäftsmodell auf diesem aufzubauen. Dieser kaufentscheidende Aspekt der Leistung ist das Wert- oder Nutzenversprechen („Value Proposition"). Der besondere Vorteil kann darin bestehen, dass das Produkt selbst billiger oder besser ist als das von den Wettbewerbern oder dass es dem Kunden dabei hilft, etwas billiger oder besser zu tun, zum Beispiel Zeit oder Herstellungskosten einzusparen.

Entscheidend ist, dass es einen Nutzen gibt, der eine ausreichend große Zahl von Kunden dazu veranlasst, sich für einen Kauf zu entscheiden. Ob ein Nutzenversprechen wirklich greift, können – und sollten Sie unbedingt – durch eine Befragung der Kunden überprüfen (siehe Kapitel 4 unter „Befragen Sie Ihre Kunden, um Ihre Erfolgschancen zu verbessern"). Gleichzeitig mit Ihrem Nutzenversprechen stellen Sie auch Ihr Geschäftsmodell auf die Probe – und schaffen eine solide Grundlage für Ihr geschäftliches Vorhaben.

- -

ÜBUNG

Rechnen Sie das Geschäftsmodell Ihrer Wettbewerber durch

Belassen Sie es nicht beim Nachvollziehen der grundsätzlichen Logik, sondern fangen Sie an, Geschäftsmodelle anderer Unternehmen konkret durchzurechnen. Mit etwas Übung und gesundem Menschenverstand können Sie viele Unternehmenszahlen erstaunlich gut nachvollziehen und schätzen.

Beispiel: Sie wollen als Powerseller bei eBay einsteigen und Handys verkaufen. Auf einer Plattform wie dieser ist es besonders einfach herauszufinden, zu welchem Preis und in welcher Menge bestimmte Produkte verkauft werden. Mit der Funktion „Auktion beobachten" finden Sie die tatsächlichen Preise, zu denen der jeweilige Artikel an einen Käufer gegangen ist. Beobachten Sie zudem die Anzahl der Auktionen, bei denen dieser Artikel angeboten wird. So können Sie leicht Menge und Preis ermitteln und den Umsatz anderer Anbieter abschätzen.

- -

Wenn ein Unternehmensberater mit Ihnen Ihren Businessplan durchspricht, tut er nichts anderes: Er versucht, die Logik des Geschäfts so schnell wie möglich zu verstehen, prüft die Zahlenverhältnisse auf Plausibilität und vergleicht sie mit Erfahrungswerten aus anderen Unternehmen oder Branchen, die er aus der Praxis kennt. Mit ein wenig Übung und mithilfe von guter Recherche können Sie neben Umsatzgrößen auch die Kostenseite eines Unternehmens und damit wiederum die Gewinnsituation abschätzen.

So bestimmen Sie Ihren Marktpreis

Wenn Sie sich über Ihr Geschäftsmodell klar geworden sind, haben Sie wahrscheinlich auch eine erste ungefähre Vorstellung gewonnen,

→ welche Menge (zeitliche Auslastung, Umsatz, Bestand) und
→ welchen Stückpreis (Stunden-/Tagessatz, Handelsspanne, Provision oder Bestandsrendite)

Sie mittelfristig erreichen müssen, um von dem resultierenden Einkommen auch Ihre Lebenshaltungskosten bestreiten zu können.

Diese zwei Komponenten werden nun getrennt betrachtet, um beide Faktoren Ihres Geschäftsmodells und somit auch Ihre Umsatzplanung auf eine verlässliche Planungsgrundlage zu stellen.

Wie hoch ist der Preis, den Sie erzielen können?

Welchen Preis Sie erzielen können, ist häufig von außen vorgegeben. Als freier Mitarbeiter zum Beispiel oder auch als Handelsvertreter haben Sie es mit größeren Organisationen zu tun, die einen bestimmten einheitlichen Satz (Stundensatz, Provisionsstaffel etc.) festlegen. Oder Sie sind an eine Gebührenordnung gebunden, zum Beispiel als Arzt, Steuerberater oder Architekt. Doch selbst im Rahmen solcher Gebührenordnungen bestehen häufig weitaus größere Spielräume bei der Preissetzung, als man als Laie weiß.

Zählen Sie nicht zu den genannten Berufsgruppen, müssen Sie den am Markt üblichen Preis herausfinden. Ein typischer Anfängerfehler ist es, sich dabei an den offiziellen Preisen zu orientieren, die zum Beispiel auf Websites oder in Präsentationen von Wettbewerbern zu finden sind oder die auf Anfrage am Telefon genannt werden. Wenn diese sich nicht an Privat-, sondern an Geschäftskunden richten und es um teurere Produkte oder Dienstleistungen geht, finden Sie dort oft regelrechte Mondpreise. Tatsächlich werden in der Praxis hohe Preisnachlässe gewährt oder viele Leistungen kostenlos im Rahmen der Akquise erbracht.

Wenn Sie in der Ihnen bekannten Branche bleiben, kennen Sie das übliche Preisgefüge wahrscheinlich oder können Ihre (ehemaligen) Kollegen aus dem Vertrieb dazu befragen. Bedenken Sie aber, dass Sie als Einzelkämpfer in der Regel nur einen deutlich niedrigeren Satz durchsetzen können als ein großes, etabliertes Unternehmen.

Eine andere Möglichkeit, sich über Preise zu informieren, besteht darin, Wettbewerber zu befragen, zu denen Sie nicht in direkter Konkurrenz stehen, die zum Beispiel in einer anderen Stadt angesiedelt sind. Vielleicht kennen Sie ja auch einen Kunden, für den Sie selbst noch nicht tätig werden können, dem Sie aber beim Angebotsvergleich helfen können. Auf diese Weise nehmen Sie gegenüber Ihren zukünftigen Wettbewerbern quasi die Kundenrolle ein, wodurch Sie sehr viel über die Preis- und auch die Akquisitionsstrategien Ihrer Wettbewerber lernen können.

Was Ihre künftigen Kunden zu zahlen bereit sind, wissen diese natürlich am besten selbst. Befragen Sie sie, solange Sie selbst noch Ihre Gründung vorbereiten. Als Existenzgründer werden Sie auf Ihre Fragen sehr viel offenere Antworten erhalten, als wenn Sie sich bereits in konkreten Verkaufsverhandlungen befinden. Tipps zur Durchführung einer Kundenbefragung finden Sie in Kapitel 4 unter „Befragen Sie Ihre Kunden, um Ihre Erfolgschancen zu verbessern".

Weitere Quellen zur Recherche

Eine gute Quelle, um mehr über das Preisgefüge in Erfahrung zu bringen, sind Branchenorganisationen und Dienstleister, zum Beispiel Berufsverbände, Fachzeitschriften, auf die Branche spezialisierte Berater, Personalvermittler und Projektbörsen sowie andere, die hauptberuflich mit den Mitgliedern Ihrer Branche zu tun haben. In der IT-Branche gilt www.gulp.de als der führende Marktplatz für die internetbasierte Vergabe von Projekten. Auf Basis der vermittelten Angebote hat die Internetbörse einen Stundensatz-Kalkulator entwickelt, der Einflussfaktoren wie Art und Umfang der Tätigkeit, fachliche Spezialisierung, Berufserfahrung (Jahre) und Einsatzort (PLZ-Bereich) abfragt und bei der Rechnung berücksichtigt.

Die führende Fachzeitschrift im IT-Bereich „c't – Magazin für Computertechnik" führt regelmäßig Umfragen zu den Einkünften von Selbstständigen in dieser Branche durch. In einigen Branchen gibt es auch gewerkschaftsnahe Einrichtungen wie beispielsweise www.mediafon.net und www.freienseiten.de, die sich an alle Freiberufler im Bereich Kunst und Medien wenden und derartige Informationen zur Verfügung stellen. Finden Sie heraus, welche Quellen dieser Art es in Ihrer Branche gibt und welche davon Sie für Ihren Businessplan nutzen wollen.

Kann ein Preis auf Basis der Kosten durch Zuschläge berechnet werden?

Von Anfang an sollten Sie sich eines klarmachen: Was ein Produkt wert ist, hängt – zumindest da, wo freier Wettbewerb herrscht – nicht davon ab, wie hoch die Kosten der Herstellung sind. Ansonsten könnte ein Unternehmer einfach möglichst teuer produzieren und würde dann über den entsprechenden prozentualen Aufschlag auf die Kosten umso mehr verdienen. Vielmehr gilt es – wie schon erwähnt – herauszufinden, wofür der Kunde bereit ist zu zahlen und wie viel. Wenn Sie das wissen, können Sie Ihr Produkt oder Ihre Leistung so gestalten, dass sie dem Kunden möglichst viel wert ist und in der Herstellung möglichst wenig kostet.

Eine Preisstrategie für den Einstieg

Wenn Sie – wie die meisten geförderten Gründer – hauptsächlich Ihre eigene Arbeitszeit verkaufen, liegt der Schwerpunkt Ihrer Gestaltungsmöglichkeiten darin, einen möglichst hohen Stundensatz durchzusetzen. Doch gerade am Anfang, wenn der Kunde die Qualität Ihrer Arbeit noch nicht kennt, ist das häufig sehr schwierig. Viele Gründer geraten deshalb in eine der beiden folgenden Fallen:

1. Wer sich am Anfang zu billig verkauft, hat es schwer, später den Preis zu erhöhen. Zudem werden nicht selten Rückschlüsse vom Preis auf die Qualität gezogen, sodass ein Angebot paradoxerweise abgelehnt wird, weil es zu niedrig ausgefallen ist!
2. Wer sich zu teuer verkauft, hat einen enormen Akquiseaufwand und steht häufig vor dem Problem, kaum Folgeaufträge zu gewinnen.

Im ersten Fall entgehen dem Gründer zwar Umsätze, zumindest hat er aber überhaupt erste Aufträge gewonnen. Auf dieser Basis kann er sein Unternehmen aufbauen. Der zweite Fall ist viel dramatischer. Es besteht die Gefahr, „in Schönheit zu sterben": Zwar werden Sie den hoch kalkulierten Preis hin und wieder erreichen, das aber bei viel zu wenigen Aufträgen. Und wenn Sie in einem solchen Fall Zeit und Kosten für die Akquise auf die erzielte Absatzmenge oder auf die Stundenzahl umlegen, dann müssten Sie die Preise eigentlich noch weiter erhöhen. So geraten Sie ziemlich schnell in eine Kostenspirale, die selbst für etablierte Unternehmen ein rasches Ende bedeutet.

Tipp

GÜNSTIGE KENNENLERN-ANGEBOTE

Machen Sie es Ihren Kunden möglichst einfach, die Qualität Ihrer Arbeit zu erkennen. Bieten Sie ihnen zum Beispiel einen Schnupperpreis an oder einen Probeauftrag, der nur bei Gefallen bezahlt werden muss. Als freier Mitarbeiter können Sie einen halben oder ganzen Tag lang umsonst arbeiten, damit Ihr Auftraggeber Sie kennenlernen kann und Sie ihn. Der damit verbundene Zeitaufwand ist nicht viel höher als für ein Bewerbungsgespräch. Der große Vorteil solcher Maßnahmen besteht darin, dass Sie weniger Zeit für Akquisemaßnahmen aufwenden und für den Kunden deutlich schneller produktiv werden. Ist der Umfang der kostenlosen oder verbilligten Kennenlern-Angebote klar geregelt, kommen Sie sicher schneller an den Punkt, an dem die Entscheidung ansteht, ob der Kunde bereit ist, den regulären Preis für Ihre Arbeit zu bezahlen.

Durch eine solche Vorgehensweise erzielen Sie vielleicht im Durchschnitt einen etwas geringeren Tagessatz, bezogen auf Ihre in Rechnung gestellte Arbeit. Ihr persönlicher Tagessatz steigt aber an, weil Sie weniger unbezahlte Akquise betreiben und eine höhere (bezahlte) Auslastung erreichen. Egal wie Sie rechnen: Unter dem Strich kommt bei gleichem Arbeitsaufwand ein deutlich höherer Umsatz heraus.

Akquisitionsstrategie: So erreichen Sie Ihr Mengenziel

Nun geht es darum, wie Sie Ihre Leistung verkaufen und welche Absatzmenge realistisch ist. Die Mengenkomponente ist sehr viel schwieriger zu planen als die Preiskomponente. Hier stehen verschiedenste Marketing- und Vertriebsinstrumente zur Wahl, deren Wirksamkeit ganz unterschiedlich und oft nur schwer vorauszusagen ist.

Welche Akquiseinstrumente gibt es?

Bei Marketing denkt nahezu jeder zuerst an die klassische Werbung in Form von (Klein-)Anzeigen, Telefonbucheinträgen, Plakaten, Verkehrsmittelwerbung, Schaufensterwerbung, Beilagen, Postwurfsendungen und Flugblättern. Radio- und TV-Werbung zählen natürlich auch dazu, kommen für Sie als „kleiner" Gründer aber wahrscheinlich nicht infrage. Vertrieb wird hingegen häufig mit dem persönlichen Verkaufsgespräch in Verbindung gebracht. In diesem Bereich gibt es unterschiedliche Gesprächsformen:

➜ Bei Anbietern mit starkem Besucherverkehr das klassische Verkaufsgespräch im Laden oder Büro

➜ Bei Außendienstmitarbeitern der Kundenbesuch mit oder ohne Termin

➜ Im Business-to-Business-Geschäft, wo es oft um größere Geschäftsabschlüsse geht, der formelle Präsentationstermin mit mehreren Beteiligten

Als Vorstufe zu derartigen Aktivitäten gilt das Networking, bei dem mehr oder weniger gezielt Kontakte über Freunde, Familie, Vereine, Berufsverbände usw. hergestellt werden.

Zwischen Marketing und Vertrieb angesiedelt ist das Direktmarketing, bei dem klassischerweise Mailings per Post versendet werden. Auch der Versand von Katalogen spielt hier eine Rolle sowie die Veranstaltung von Preisausschreiben zur Gewinnung von Adressen. Eine spezielle Variante des Direktmarketing stellt das Telefonmarketing dar, zu dem die Kaltakquise gehört, also der Anruf bei Unbekannten. Bei Geschäftskunden findet vor der eigentlichen Akquise häufig eine Qualifizierung statt, indem der Ansprechpartner ermittelt, der Bedarf geprüft oder auch ein (Telefon-)Termin vereinbart wird.

Das Online-Marketing ist ebenfalls eine spezielle Form des Direktmarketing. Als Kommunikationsmedium dienen dabei E-Mail und Internet. Eine Spezialrichtung bildet das Veranstaltungsmarketing. Dabei geht es um Messen, Veranstaltungen sowie Verkaufsaktionen (Promotionen).

Schließlich ist noch die Pressearbeit zu nennen, die einen eigenen Bereich bildet. Die damit verbundenen Aktivitäten zielen auf die Platzierung von Beiträgen über das eigene Unternehmen in den Medien.

Tipp

●●

OPTIMALE ABSTIMMUNG

Angesichts der Vielfalt an Möglichkeiten sollten Sie sich vorab eine einheitliche Akquisitionsstrategie überlegen. Entscheiden Sie sich für wenige Werkzeuge, die Sie dann optimal aufeinander abstimmen. Ob dabei eher Marketing- oder Vertriebsinstrumente im Vordergrund stehen, hängt von Ihrer Branche ab, aber auch von Ihrem Naturell.

●●

Die Effektivität von Marketing- und Vertriebsinstrumenten

Vermeiden Sie den Fehler, den so viele Gründer machen: Sie verschießen all ihr Pulver schon bei der Gründung und veranstalten ein wahres Marketing-Feuerwerk, das sich in den meisten Fällen als wenig wirkungsvoll erweist. Um sicherzugehen, dass Sie die gewünschte Wirkung erzielen, sollten Sie auf eine vorherige Testphase auf gar keinen Fall verzichten. Das gilt selbst dann, wenn Sie Ihre Werbemittel bei einer professionellen Werbeagentur in Auftrag gegeben haben.

Planen Sie Ihr Marketing auch nach der Gründung immer als kontinuierliche Ausgabe. Es handelt sich um einen Prozess, bei dem Sie immer weiter dazulernen und die Wirksamkeit Ihrer Werbung schrittweise erhöhen können.

So, wie Sie beim Geschäftsmodell in Menge und Preis denken, sollten Sie bei der Marketing- und der Vertriebsplanung in Anzahl von Kontakten sowie Umwandlungsraten denken. Von entscheidender Bedeutung ist, dass Sie in Bezug auf Ihren Akquisitionsprozess vom Erstkontakt bis zum Neukunden eine realistische Vorstellung darüber entwickeln, wie viele Kontakte Sie herstellen müssen, um einen neuen Kunden zu gewinnen.

Nur wenn Sie sich mit diesen Details ausführlich beschäftigt haben, können Sie zielgerichtet daran arbeiten, Schritt für Schritt die erforderliche Zahl von Erstkontakten zu generieren und anschließend die angestrebten Umwandlungsraten zu erreichen. Prüfen Sie Ihre Annahmen durch den Vergleich mit den Erfahrungen anderer und durch eigene Tests.

Im einfachsten Fall führt ein Kontakt mit einer bestimmten Wahrscheinlichkeit unmittelbar zu einem Kaufabschluss. Diese Wahrscheinlichkeit wird Umwandlungsrate oder „Conversion Rate" genannt. Sie lässt sich mit einer einfachen Rechnung ermitteln. Beispiele: Jeder zweite Kunde, der in den Laden kommt, kauft tatsächlich etwas. Die Umwandlungsrate liegt in diesem Fall bei 50 Prozent. Von 200 verteilten Flyern führt einer zu einem Kauf. Die Conversion Rate macht hier 0,5 Prozent aus.

Der zweite Fehler vieler Gründer: Sie machen sich bei der Planung der Akquisestrategie zu viele Gedanken über die inhaltliche und grafische Gestaltung der Akquiseinstrumente (zum Beispiel des Flyers oder der Website), bevor sie geklärt haben, ob die geplanten Maßnahmen überhaupt effektiv sind. Egal ob Zeitungsanzeige, Website oder Außendienstbesuch, letztlich kommt es immer darauf an, was eine Aktion kostet und wie viel Umsatz sie am Ende bringt. Doch wie lässt sich das messen?

Marketing-/Vertriebsmaßnahme	Kontakte: Anzahl der ...
Kunden im Außendienst besuchen	... Besuche
Einen Laden betreiben, einen (Messe-)Stand aufbauen oder eine eigene Veranstaltung organisieren	... Besucher
Eine Website betreiben	... Besucher
Werbebanner oder Textanzeigen im Internet schalten	... Betrachter
Ein Mailing oder einen Newsletter versenden	... Empfänger
Eine Anzeige schalten oder eine Pressemeldung lancieren	... Leser
Plakate verwenden oder eine Werbung im Schaufenster oder in Verkehrsmitteln aushängen	... Passanten
Kunden anrufen	... erreichte Personen
Networking betreiben	... gesammelte Visitenkarten

Jeder Kontakt hat seinen Preis. Das Kopieren und Verteilen eines Flugblatts mag 15 Cent kosten, das Herstellen und Versenden eines Mailings zwei Euro, der Besuch eines Kunden in einer anderen Stadt vielleicht mehr als 1.000 Euro. Anzeigen in Zeitschriften, Radio- und TV-Spots werden ebenso wie Einblendungen von Werbebannern im Internet anhand des „Tausenderkontaktpreises" (TKP) vergleichbar gemacht. Diese und andere Kennzahlen finden Sie in den Mediadaten, die von den Anzeigenabteilungen der Medien veröffentlicht werden.

CHECKLISTE
Ihre Kontakte

Werden Sie sich über die folgenden Punkte klar, und notieren Sie Ihre Ergebnisse in einer Tabelle:

→ Welche Akquiseinstrumente wollen Sie nutzen?
→ Welche Kontakte stellen Sie damit her?
→ Wie viele Kontakte erreichen Sie typischerweise?
→ Wie hoch ist der Kontaktpreis?

In den Mediadaten finden Sie übrigens auch interessante Informationen über die alters-, geschlechts-, bildungs- und einkommensmäßige Zusammensetzung der angesprochenen Zielgruppe sowie über deren Bedarf an Produkten und an Dienstleistungen. Je punktgenauer Sie Ihre Zielgruppe ansprechen, umso höher die Chance, dass aus einem Kontakt ein Kunde wird.

Gut zu wissen

MEHRSTUFIGE AKQUISEPROZESSE

Tatsächlich ist es häufig komplizierter: Meist bauen verschiedene Marketinginstrumente aufeinander auf und bilden eine regelrechte Kette. Beispiel: Sie bieten eine interessante Information für Kunden an und sammeln durch den Rücklauf neue Kontaktdaten. Später rufen Sie die Kunden an, um einen Gesprächstermin zu vereinbaren, bei dem Sie Ihre Dienstleistung anbieten. Doch auch damit sind Sie noch nicht am Ziel. Schließlich wollen Sie aus dem potenziellen einen Neukunden und später eventuell einen Stammkunden machen.

Bei jedem Schritt im Akquiseprozess gehen potenzielle Kunden verloren. Doch schon kleine Verbesserungen der Conversion Rates auf einzelnen Stufen führen zu einer dramatischen Verbesserung im gesamten Ablauf. Beispiel: Wenn Sie über zwei Stufen mit einmal 20 und einmal 80 Prozent akquirieren, beträgt die Gesamt-Conversion 16 Prozent. Wenn es Ihnen gelingt, stattdessen 25 und 85 Prozent zu erreichen, steigt Ihre Gesamt-Conversion auf mehr als 21 Prozent. Das bedeutet eine Erhöhung des Umsatzes um rund ein Drittel!

Vertriebsleute verwenden in diesem Zusammenhang gerne die Metapher des „Verkaufstrichters" (Sales Funnel). Das Bild eines Trichters verdeutlicht sehr schön, dass oben viel mehr Kontakte eingefüllt werden müssen, als unten Aufträge herauskommen.

Dies trifft auf alle Vertriebs- und Marketingmaßnahmen zu, denn egal wie Ihr Akquiseprozess typischerweise abläuft, Sie können immer bestimmte Stufen vom Erstkontakt bis zum Abschluss unterscheiden, wobei von einer Stufe zur nächsten ein Teil der Kontakte verlorengeht.

• •

Die Conversion Rates der von Ihnen geplanten Akquisemaßnahmen sind absolute Schlüsselgrößen für Ihren Businessplan. Wenn Sie die Umwandlungsrate von Kontakten in Abschlüsse auch nur halbwegs genau kennen, können Sie Ihre Marketing- und Vertriebskosten sehr viel besser kalkulieren:

→ Anzahl notwendige Neukunden / Umwandlungsrate = notwendige Kontakte
  Beispielrechnung: 5 neue Kunden / 0,05 Prozent Conversion = 1.000 Flyer

→ Kontakte × Kontaktpreis = Akquisekosten
  Beispielrechnung: 1.000 Flyer × 15 Cent = 150 Euro Akquisekosten

Und ab wann rechnet sich eine Akquisemaßnahme? Im obigen Beispiel sind 200 Flyer nötig, um einen Neukunden zu gewinnen. Die Akquisitionskosten pro Neukunde („Cost per Sale") betragen 200 × 15 Cent = 30 Euro. Ob das gut oder schlecht ist, hängt davon ab, wie viel Deckungsbeitrag Sie mit diesem Kunden erzielen können. Der erste Abschluss bringt vielleicht nur 20 Euro. Aber angenommen ein Kunde kauft im Durchschnitt dreimal für 20 Euro ein, so beträgt sein Gesamtwert („Customer Lifetime Value") 60 Euro und die Akquisekosten sind mehr als ausgeglichen. In manchen Branchen, zum Beispiel bei Banken oder Zeitschriftenverlagen, kann es über ein Jahr dauern, bis die Akquisekosten eines Neukunden amortisiert sind.

Als Gründer müssen Sie oft sehr viel Zeit in die Gewinnung neuer Kunden investieren. Wenn es Ihnen gelingt, diese dann länger an sich zu binden, erhöhen Sie deren Customer Lifetime Value sowie den Umfang Ihres Bestandsgeschäfts. Es ist erfahrungsgemäß sehr viel billiger, einen Kunden zu halten, als einen neuen zu gewinnen. Unterschätzen Sie bei Ihren Planungen auch nicht den Effekt von Mundpropaganda durch zufriedene Kunden: Wenn jeder Kunde durch Weiterempfehlung im Durchschnitt einen Neukunden für Sie akquiriert, senken Sie Ihre Kosten um die Hälfte. Das heißt, Sie können mit denselben Marketing- und Vertriebskosten den doppelten Umsatz erzielen!

Wie lassen sich Umwandlungsraten zuverlässig schätzen?

Die Umwandlungsraten sind der Schlüssel zu einer fundierten Umsatzplanung. Zwar gibt es zahllose Erfahrungswerte für einzelne Akquisemaßnahmen, allerdings sind diese meist nur schwer verallgemeinerbar und werden außerdem häufig streng vertraulich behandelt. Zudem sinken die Umwandlungsraten seit vielen Jahren, da die Konsumenten mit Werbung übersättigt sind. Letztendlich hängt der Erfolg von den jeweiligen Umständen im Einzelfall ab. Dabei spielen drei Faktoren eine wichtige Rolle:

→ Inhalt und Gestaltung der Akquisemaßnahmen (zum Beispiel eines Mailings, einer Website, einer Anzeige oder auch durch eine gelungene Gesprächstechnik bei einem Verkaufsgespräch)

→ Das enthaltene konkrete Angebot oder Werbeversprechen (Haben Sie etwas zu verschenken oder ist das Produkt eher teuer?)

→ Die ausgewählten Adressaten (Kennen sie Sie schon? Haben sie schon etwas von Ihnen gekauft?)

Planen Sie Ihre Akquisestrategie gründlich, denn das bringt Ihnen eine ganze Reihe von Vorteilen:

→ Sie können relativ genau abschätzen, welche Umsatzziele realistisch sind und wie hoch die Akquisekosten ausfallen werden.

→ Sie können Zeit- und Mengenziele für Ihre Vertriebsaktivitäten planen und wissen genau, wie Sie Ihre Umsatzziele erreichen werden (zum Beispiel wie viele Kunden Sie pro Woche anrufen müssen).

→ Sie können besser beurteilen, welche Marketing- und Vertriebsinstrumente sich für Sie lohnen und wie diese sinnvoll zu gestalten sind.

Am besten testen Sie Ihre Werbemaßnahme im kleinen Maßstab in der Realität. Anregungen dazu finden Sie in Kapitel 4 unter „So stellen Sie Ihre Akquisemaßnahmen auf den Prüfstand". Auf diese Weise werden Sie am schnellsten aussagekräftige Zahlen erhalten.

So gelangen Sie zur Umsatzplanung

Für geförderte Gründer empfiehlt es sich, den Umsatz für die ersten zwölf Monate nach der Gründung monatsgenau zu schätzen, für das zweite und dritte Jahr genügt dann eine Schätzung für das ganze Jahr.

Ihre Umsatzschätzung berechnen Sie gemäß dem Geschäftsmodell, auf dem Ihre Idee beruht. In der Regel werden Sie eine einfache Multiplikation vornehmen, um diesen Wert zu erhalten.

Wie wird der Umsatz berechnet?

Wenn Sie im Wesentlichen Ihre Arbeitszeit verkaufen, gehen Sie dabei folgendermaßen vor: Schauen Sie zunächst nach, wie viele Arbeitstage der zu schätzende Monat hat, und ziehen Sie gegebenenfalls Ihre Urlaubstage und einen Puffer für Krankheit und unvorhersehbare Aktivitäten ab.

Die verbleibenden Tage teilen Sie auf in unbezahlte Tage, an denen Sie Akquise betreiben, und umsatzwirksame Tage. Die umsatzwirksamen Tage stellen die Mengenkomponente dar, mit der Sie die Preiskomponente (hier den Tagessatz) multiplizieren, um zur Umsatzschätzung für den entsprechenden Monat zu gelangen.

Wenn Sie mit Stunden oder Stückzahlen planen, können Sie im Prinzip auf genau die gleiche Weise vorgehen. Rechnen Sie dann zum Beispiel mit einem durchschnittlichen Tagesumsatz pro Öffnungstag Ihres Ladens oder statt der Tage direkt mit Stunden oder Stück. Orientieren Sie sich dabei am Aufbau der folgenden Tabelle:

Umsatzplanung anhand verfügbarer Tage

Monat ab Gründung	1	2	3	4
Monat kalendarisch	Jun	Jul	Aug	Sep
Werktage im Monat	21	22	21	20
davon Urlaub/geschlossen	1	4	2	0
davon Akquise etc.	17	14	13	13
Umsatzwirksame Tage	3	4	6	7
Durchschnittlicher Umsatz/Tag	500 €	500 €	550 €	550 €
Umsatz (Plan)	1.500 €	2.000 €	3.300 €	3.850 €
davon sind Provisionen	75 €	100 €	165 €	193 €
davon sind variable Kosten/Wareneinsatz	0 €	0 €	150 €	200 €

Tipp

PLANEN SIE PROVISIONEN UND VARIABLE KOSTEN MIT EIN

Wenn Sie Ihre Kunden durch einen Vermittler erhalten, sollten Sie gleich dessen Provision einkalkulieren. Wenn er beispielsweise 15 Prozent Provision erhält und ein Drittel Ihres Umsatzes generiert, rechnen Sie mit einem Durchschnittssatz von fünf Prozent.

Das Gleiche gilt für variable Kosten, zum Beispiel die Waren- oder Materialkosten, die im Umsatz enthalten sind, oder Ausgaben für freie Mitarbeiter oder andere Dienstleister, deren Leistung direkt zum Umsatz beiträgt.

Indem Sie Ihre Auslastung im Lauf der Zeit steigern und vielleicht sogar Ihren Preis leicht anheben, ergibt sich eine entsprechend positive Umsatzentwicklung. Im bereits zuvor dargestellten Beispiel steigt der Umsatz von 1.500 Euro im ersten Monat auf 3.850 Euro im vierten Monat.

Wie Sie sicher schon bemerkt haben, besteht die eigentliche Herausforderung darin herauszufinden, wie die zur Verfügung stehende Arbeitszeit sich auf Akquise- und umsatzwirksame Tage aufteilt. Um dies zu ermitteln, ist es hilfreich, das vorhandene Zeitbudget auf verschiedene Projekte oder Kunden aufzuteilen. Gehen Sie dann weiter so vor, dass Sie für jedes dieser Projekte getrennt planen, wie viele Tage jeweils für Akquise notwendig und wie viele mit bezahlter Arbeit belegt sind.

Vor allem bei Tätigkeiten, die in den Dienstleistungsbereich fallen, geht es häufig um Aufträge, deren Akquise und eigentliche Durchführung sich über mehrere Monate hinweg erstrecken kann. Jeder einzelne Auftrag, den Sie annehmen, hat ein bestimmtes zeitliches Anforderungsprofil, das jeweils in Abhängigkeit vom Beginn der Akquise zeitversetzt eingeplant werden kann.

Wenn Sie vor umfangreicheren Projekten stehen, können Sie diese getrennt im nötigen Detaillierungsgrad planen, um dann nur die Anzahl der akquise- und umsatzwirksamen Tage pro Monat in Ihre Umsatzplanung zu übernehmen. Wie genau eine solche detaillierte Planung aussehen kann, zeigt Ihnen die folgende Tabelle.

Umsatzplanung anhand von Projekten/Kunden

Monat ab Gründung			1	2	3	4
Monat kalendarisch			Jun	Jul	Aug	Sep
Gegencheck zur Umsatzplanung (Tage)						
Auftraggeber 1/Projekt 1	Akquise		1			
	Umsatz		2	1		
Auftraggeber 2/Projekt 2	Akquise		1			
	Umsatz		1	2	1	
Auftraggeber 3/Projekt 3	Akquise		2	1		
	Umsatz			1	3	2
Auftraggeber 4/Projekt 4	Akquise			2	1	
	Umsatz				2	3
Auftraggeber 5/Projekt 5	Akquise				2	1
	Umsatz					2
Sonstige Akquise/Aufträge	Akquise		13	11	10	14
	Umsatz					
Summe Akquisetage			17	14	13	15
Summe umsatzwirksame Tage			3	4	6	7
Arbeitstage insgesamt			20	18	19	22

Typische Muster bei der Umsatzentwicklung

Wenn Sie über Ihre Umsatzentwicklung nachdenken, berücksichtigen Sie auch folgende typische Muster, die sich in der einen oder anderen Ausprägung bei fast jedem Unternehmen erkennen lassen:

→ Schon im ersten Monat sollte ein Umsatz erzielt werden. Am einfachsten ist das, wenn ein Gründer seine ersten Kunden in die Selbstständigkeit mitbringt (zum Beispiel seinen bisherigen Arbeitgeber) und dann nach und nach weitere Kunden akquiriert.

Das entgegengesetzte Extrem: Der Gründer muss durch Akquisition erst einmal nach und nach einen Kundenbestand aufbauen. Dann kann es sein, dass sich erst nach einem längeren Zeitraum tatsächlich ein erster Auftrag ergibt. Möglicherweise ist die Förderung zu diesem Zeitpunkt schon ausgelaufen.

→ Ob der Umsatz wächst oder schrumpft, hängt davon ab, wie viele Kunden pro Periode neu akquiriert werden und wie viele aus dem Bestand verlorengehen. Ein wachsender Kundenbestand führt dazu, dass der Gründer einen immer größeren Teil seiner Akquiseanstrengungen dafür aufwenden muss, die bestehenden Kunden zu halten und für verlorene Kunden Ersatz zu beschaffen. Vor allem am Anfang kann ein Unternehmen also wesentlich schneller wachsen, als wenn es schon länger besteht.

→ Solange ein Gründer alleine arbeitet, beschränkt sich sein Umsatz ganz einfach durch die eigene Arbeitszeit, über die er verfügt. Wer sein Geschäft mithilfe freier Mitarbeiter oder von Angestellten erweitern möchte, sollte bedenken, dass die Suche und Einarbeitungszeit zunächst einmal Zeit kosten.

→ Eine andere Strategie, auf wachsende Auslastung zu reagieren, besteht darin, das Preisniveau anzuheben. Deshalb lässt sich in vielen Businessplänen zunächst ein Mengenwachstum und später ein Preiswachstum erkennen. Ein Anstieg des erzielten Durchschnittspreises ist nach zwei bis drei Monaten Selbstständigkeit denkbar, nachdem der Gründer sich über häufig nicht oder nur schlecht bezahlte Referenzprojekte einen gewissen Namen gemacht hat.

Ein weiteres Mal lassen sich die Preise nach einem Zeitraum von ein bis zwei Jahren anheben, wenn der Gründer bei erfolgreicher Geschäftsentwicklung seine persönliche Kapazitätsgrenze erreicht hat und bei der Annahme von Aufträgen wählerischer sein kann.

→ Gibt es in der Branche des Gründers bestimmte saisonale Entwicklungen, muss er diese bei seinen Überlegungen natürlich berücksichtigen oder sogar den Gründungszeitpunkt daran ausrichten. Das gilt nicht nur für Skilehrer und Eisdielen. Für den Einzelhandel ist bekanntermaßen das Weihnachtsgeschäft die beste Zeit im Jahr. Für die IT-Branche hingegen gilt, dass sie häufig in den Monaten vor der wichtigen Messe CeBIT ein Hoch erlebt.

Nun sind Sie ausgerüstet, um mit Ihrer Umsatzplanung zu beginnen. Nehmen Sie sich dafür ruhig Zeit und gehen Sie dabei ausgesprochen gründlich vor, denn sie bildet das Fundament Ihres Businessplans.

Kapitel 4

Stellen Sie Ihr Geschäftsmodell auf die Probe

Das folgende Kapitel bietet Ihnen einen ganzen Werkzeugkasten mit den besten Methoden und Tricks, um die einzelnen Bestandteile Ihres Businessplans in der Praxis zu überprüfen – noch bevor Sie gegründet haben und damit ein finanzielles Risiko eingegangen sind.

Der Elevator Pitch – Ihr Schlüssel zum Verkaufserfolg

Um Ihre Geschäftsidee mit anderen besprechen zu können, müssen Sie zunächst deren Interesse wecken und ihnen kurz und knapp sagen, was Sie vorhaben – egal ob Sie eine Befragung auf der Straße oder am Telefon durchführen, probeweise erste Akquisegespräche führen, eine Kleinanzeige testen, einen Journalisten ansprechen oder sich auf einer Networkingveranstaltung vorstellen. In der Regel haben Sie nicht mehr als 30 Sekunden Zeit, um auf die Frage zu antworten: „Was machen Sie denn eigentlich beruflich?"

Jedes Mal, wenn Ihnen diese Frage gestellt wird, bietet sich die Chance, jemanden mit Ihrer Begeisterung und Kompetenz anzustecken und zu einem Fan Ihrer Idee zu machen. Wenn Sie es schaffen, dass sich Ihr Gesprächspartner an Ihre Idee erinnert, haben Sie nicht einfach nur einen weiteren Kontakt geknüpft, sondern einen Verkäufer für Ihre Geschäftsidee gewonnen. Er wird sich im entscheidenden Moment – etwa wenn er einem Ihrer potenziellen Kunden begegnet – an Sie erinnern, über Ihre Idee berichten und den Kontakt zu Ihnen herstellen.

Dies lässt sich mit einem erfolgreichen „Elevator Pitch" erreichen. Dabei handelt es sich um ein kurzes Verkaufsgespräch, kurz genug, um es in einem Aufzug („Elevator") zu führen. Ziel ist, dass Sie von Ihrem Gesprächspartner aus dem Aufzug herausgebeten werden, weil er mehr über Ihre Idee erfahren und mit Ihnen Visitenkarten tauschen möchte. Viele Gründer gehen als Bittsteller in ein solches Gespräch, voller Angst, dass sie zurückgewiesen oder nicht ernst genommen werden. Sie verhalten sich defensiv, vermeiden den Blickkontakt und sprechen mit monotoner Stimme. Um sich als Fachmann auszuweisen, benutzen sie viele Fremdwörter, erklären die Sachverhalte langwierig und bis ins Detail. Häufig vergleichen sie ihre Idee mit anderen Produkten, die sie als schlechter bewerten, und verteidigen die Schwächen der eigenen Idee, um Einwände vorwegzunehmen. Aus Unsicherheit betonen sie, dass die Vorteile des eigenen Produkts enorm sind, dramatische Kosteneinsparungen ermöglichen und der Markt geradezu unbegrenzt ist. Und wenn der Kunde nichts sagt, reden sie einfach weiter. Die folgenden Tipps leiten Sie dazu an, es genau andersherum zu machen:

→ Überlegen Sie sich drei Gründe, warum Sie Ihren Gesprächspartner sympathisch finden – so werden Sie auf Ihr Gegenüber mit einer ganz anderen Einstellung zugehen und im Gegenzug auch eine andere, häufig unerwartet positive Reaktion erhalten.

→ Machen Sie sich aber auch bewusst, dass es nicht auf einen einzelnen Gesprächspartner ankommt. Sie werden noch viele andere Menschen kennenlernen. Es ist nicht schlimm, wenn Sie mit einem davon nicht zurechtkommen. Betrachten Sie das als völlig normal.

→ Versuchen Sie nicht, dem Gesprächspartner etwas zu verkaufen. Als Existenzgründer wollen Sie vielmehr Ihre Idee mit ihm teilen. Sie haben also etwas zu geben!

Wenn Sie diesen Hinweisen folgen, werden Sie die richtige Einstellung Ihrem Gesprächspartner gegenüber finden und schon allein durch Gestik, Blick und Stimme ganz anders auf ihn wirken. Nun zum Gespräch selbst:[2]

→ Beginnen Sie mit einer Frage, einer erstaunlichen Information oder einer Metapher. So gewinnen Sie das Interesse des Gegenübers. Fragen Sie zum Beispiel: „Geht es Ihnen auch oft so, dass …?" und schildern Sie in einem Satz ein häufiges Problem, für das Sie die Lösung anbieten.

→ Beschreiben Sie keine Produkteigenschaften und Technologien, sondern erklären Sie, welche Vorteile diese für den Kunden bringen. Nicht: „Änderungen werden automatisch über den Titel- und Folienmaster vorgenommen und führen so zu einer Zeiteinsparung bei der Bearbeitung", sondern: „Wenn Ihr Chef wieder einmal die Grafik auf allen Folien geändert haben möchte, heißt das nicht länger, dass Sie den Abend im Büro verbringen müssen."

→ Werden Sie so konkret wie möglich. Nicht: „Die Kosten werden gesenkt und die Kundenzufriedenheit erhöht", sondern: „Bei meinem Kunden XY haben wir durch die Einführung 500 Euro Kosten monatlich einsparen können. Beschwerden können jetzt geklärt werden, während der Kunde noch am Hörer ist."

→ Sagen Sie, was Sie von anderen unterscheidet, aber verzichten Sie auf künstliche, konstruierte Merkmale. Der schnörkellose Satz „Das Gutach-

---

[2]   *Diese Tipps orientieren sich an den Ausführungen von Joachim Skambraks, die in seinem Buch „30 Minuten für den überzeugenden Elevator Pitch" (Offenbach 2004) zu finden sind.*

ten ist innerhalb von zwei Tagen fertig" reicht vollkommen aus, wenn viele Ihrer Wettbewerber den Auftrag frühestens in der kommenden Woche erledigt haben könnten.

→ Machen Sie es dem Zuhörer ganz einfach, Sie zu verstehen. Arbeiten Sie mit Bildern und Beispielen. Wählen Sie immer ein positives Bild und verzichten Sie auf Verneinungen. Dadurch verankern Sie Ihre Geschichte im Gehirn des Zuhörers optimal und helfen ihm dabei, sich an Ihren Elevator Pitch zu erinnern.

→ Zeigen Sie Ihre Begeisterung, sprechen Sie im Brustton der Überzeugung.

→ Schließen Sie mit einer Frage, die in das weitere Gespräch überleitet.

Mit diesen Anregungen können Sie in wenigen Minuten einen ersten Elevator Pitch formulieren. Drei oder vier Sätze genügen schon. Ab dann wird jeder Anruf und jede Begegnung zu einem Verkaufstraining für Sie. Sie werden erleben, dass Sie nicht mehr mit schlechtem Gewissen etwas verkaufen müssen, sondern voller Interesse nach Details gefragt werden und über diese mit Begeisterung und Kompetenz berichten können.

Befragen Sie Ihre Kunden, um Ihre Erfolgschancen zu verbessern

Einer der besten Wege, um Ihre Planung zu überprüfen, ist eine Kundenbefragung: sei es per Telefon oder auf der Straße. Mit Ihrem Elevator Pitch haben Sie Ihre Geschäftsidee auf den Punkt gebracht und schaffen es, mit potenziellen Kunden ins Gespräch zu kommen. Outen Sie sich dabei ruhig als Existenzgründer – dann werden sehr viel mehr Befragte bereit sein, Ihnen offen zu antworten.

Wen, wo, wann und wie befragen?

Der Erfolg Ihrer Befragung hängt entscheidend davon ab, dass Sie die richtigen Leute am richtigen Ort zum richtigen Zeitpunkt befragen.

1. Wen? – Ihre Befragung bringt nur dann sinnvolle Ergebnisse, wenn Sie sich auch wirklich mit Ihren künftigen Kunden auseinandersetzen. Deshalb müssen Sie vorab Ihre Zielgruppe definieren und sich anschließend

überlegen, wo Sie diese am wahrscheinlichsten antreffen oder wie Sie am besten eine Liste mit Namen und Telefonnummern Ihrer Zielkunden erstellen können.

DIE MAGISCHE 104

Die Enigma Company Builders GmbH in Hamburg, die die Methode der Markterkundung perfektioniert hat, verlangt von allen Gründern, die sie betreut, dass sie mindestens 104 Kunden befragen. Warum ausgerechnet 104? Ganz einfach: Weil die Zahl dreistellig sein sollte und einige Fragebögen in der Regel ungültig sind. Wer sich nicht traut, so viele Leute anzusprechen, der wird sich auch nicht trauen, später seine Leistung zu verkaufen.

Manche Gründer merken, dass die Befragten regelrecht vor ihnen fliehen, andere erzielen eine Traumquote von 70 bis 80 Prozent ausgefüllter Fragebögen. Die Befragung kann also viel Selbstbewusstsein geben oder zu einer erneuten Beschäftigung mit der eigenen Geschäftsidee und den eigenen Schwächen führen.

Beides ist positiv, denn im ersten Fall werden Sie hoch motiviert den nächsten Schritt gehen, während Sie im zweiten Fall rechtzeitig die Hindernisse erkennen, die sich Ihnen unweigerlich in den Weg stellen werden. Auf diese Weise haben Sie die Chance, sie vorab zu beseitigen.

Bei Enigma sieht man die Kundenbefragung als „Mutter jeder Planung", denn durch geschickte Fragestellungen können Sie herausfinden, ob Ihre Annahmen zu Menge und Preis realistisch sind, und damit Ihr Geschäftskonzept „beweisen". Die Wahrscheinlichkeit, dass Sie Ihre Planung tatsächlich umsetzen können, nimmt dadurch erheblich zu. Zudem erkennen Sie frühzeitig, was Ihren zukünftigen Kunden wichtig ist – und was nur Ihnen selbst bedeutsam erscheint.

Vielleicht das wichtigste Argument für Sie: Aus der Kundenbefragung entwickeln sich fast immer erste Kundenkontakte. Die Erfahrung bei Enigma zeigt, dass Gründer, die eine Markterkundung durchführen, rund ein Drittel der ersten Umsätze mit Kunden aus der Befragung erzielen und dadurch einen besseren Start schaffen.

BEISPIEL

Erfolgreich die Zielgruppe definieren

Für einen Unternehmer, der einen Netzwerk-Service aufbauen und kleine Computernetze und Server einrichten will, lohnt es sich nicht, andere Ein-Personen-Gründer zu befragen. Denn die arbeiten meist alleine und kommen mit ihrem PC oder Laptop völlig aus. Vielmehr wird er Unternehmen suchen, die aus zwei bis zehn Mitarbeitern bestehen und typischerweise in einem Etagen- oder Ladenbüro arbeiten. Mit einem derartigen Steckbrief kann der Netzwerktechniker sofort loslegen und zielgenau eine Liste der potenziellen Kunden in seiner Nähe recherchieren.

Oder noch besser: Dieser Gründer kann überlegen, wie er Selbstständige findet, die gerade ihre ersten Mitarbeiter einstellen oder in Kürze umziehen. Wer seine Zielgruppe so „spitz" definiert, dass er sie im Moment des ersten Bedarfs erreicht, kann seinen Markt noch viel erfolgreicher angehen.

Weitere Anregungen zur Identifizierung und Abgrenzung Ihrer Zielgruppen finden Sie in Kapitel 6 unter „Persönliche Eignung".

•••

2. Wo? – Endverbraucher werden Sie in der Regel auf der Straße oder in einem Einkaufszentrum befragen. Am besten an Orten, wo viel los ist, die Menschen aber nicht in Eile sind. Wollen Sie ein Restaurant oder einen Laden eröffnen, führen Sie Ihre Befragung am besten in unmittelbarer Nähe des künftigen Standorts durch, falls dieser bereits bekannt ist. Was Sie außerdem beachten sollten, ergibt sich aus der Zielgruppendefinition. Suchen Sie nur Menschen bestimmten Alters oder Geschlechts? Solche Merkmale lassen sich schon rein äußerlich erkennen. Handelt es sich um eine Zielgruppe mit nicht auf Anhieb erkennbaren Kriterien, können Sie gleich am Anfang Ihrer Befragung eine entsprechende Filterfrage einbauen, zum Beispiel, ob Interesse an Sport oder Fitness besteht, wenn Sie in diesem Bereich gründen wollen.

Bei Geschäftskunden ist es sinnvoller, eine telefonische Befragung durchzuführen, da Sie meist ganz gezielt Entscheider aus Unternehmen einer bestimmten Branche erreichen müssen. Dazu sind häufig mehrere Anrufe nötig. Wenn Sie Ihre Befragung auf einer Messe durchführen wollen, müssen Sie einen ruhigen Moment abpassen und sicher sein, dass die Vertriebsmitarbeiter am Stand auch wirklich Ihre gewünschten Gesprächspartner sind.

Sieht Ihr Plan vor, dass Sie Ihr Geld künftig im Internet verdienen werden, können Sie auch eine Online-Befragung organisieren. Dabei helfen Ihnen spezielle Dienstleister wie zum Beispiel www.surveymonkey.com. Beachten Sie aber, dass Sie tatsächlich Ihre künftige Zielgruppe ansprechen. Bitten Sie die Befragten außerdem darum, bei Bedarf einige zusätzliche Fragen per Telefon stellen zu dürfen. Von schriftlichen Befragungen per Post oder per E-Mail wird dagegen eher abgeraten, da die Response-Raten oft sehr gering sind und qualitatives Feedback weitgehend fehlt. Selbst als Internet-Unternehmer werden Sie aus 20 persönlichen Gesprächen wahrscheinlich mehr lernen als aus 1.000 online beantworteten Fragebögen.

3. Wann und wie? – Sie sollten Ihre Befragung unbedingt durchführen, solange Sie noch Existenzgründer sind. Denn wenn Sie sich als solcher vorstellen, werden Sie ein hohes Maß an Hilfsbereitschaft erfahren. Melden Sie sich am Telefon ruhig mit: „Ich mache mich gerade selbstständig. Hätten Sie kurz Zeit für mich, um einige Fragen zu beantworten?" Wenn Sie dagegen sagen: „Ich führe eine Marktforschung durch", werden Sie eher auf Misstrauen stoßen. Denn die Zahl der Telefonbefragungen durch große Unternehmen hat in den letzten Jahren stark zugenommen, und häufig stellt sich heraus, dass Telefonverkäufer dahinterstecken.

Wie lang dauert eine Befragung?

Bei Enigma haben die Gründer (inklusive Wochenende) insgesamt fünf Tage Zeit für die Vorbereitung und Durchführung ihrer Umfrage. Ein halber Tag reicht zur Erstellung des Fragebogens aus, zeitlich sehr viel aufwändiger kann die Zusammenstellung einer Telefonliste sein, wenn auf Geschäftskunden zugegangen wird. Außerdem empfiehlt es sich, etwas Zeit und eine Gelegenheit für das Einüben der Fragetechnik zu reservieren – zum Beispiel mit Bekannten oder anderen Gründern.

Bei Endkunden dauert die eigentliche Befragung in der Regel zwei Tage und findet häufig am Wochenende statt. Ein weiterer Tag wird für die Erfassung der Ergebnisse (das wird meist mit einer Tabellenkalkulation wie „Excel" erledigt) sowie die Auswertung benötigt. Hingegen kann eine Telefonaktion mit Geschäftskunden auch deutlich mehr Zeit als zwei Tage in Anspruch nehmen, dafür aber auch gleich zu ersten Aufträgen führen.

So gestalten Sie den Fragebogen

Wenn Sie für sich geklärt haben, wie Sie vorgehen wollen, fangen Sie am besten gleich mit der Erstellung Ihres Fragebogens an. Eigentlich sollten Sie nicht mehr als sechs Fragen stellen, aber die meisten Fragebögen werden etwas länger. Das absolute Maximum liegt jedoch bei acht bis neun Fragen. Natürlich hängt die Anzahl auch davon ab, ob Ihre Fragen sich einfach mit Ja oder Nein beantworten lassen oder ob Sie offene Fragen stellen.

Mit dieser Befragung bietet sich Ihnen eine einmalige Chance, Ihre Zielgruppe kennenzulernen. Überlegen Sie also genau, welche Antworten Ihnen wirklich wichtig sind. Stellen Sie sich vor, Sie begegnen einer Fee, die Ihnen fünf Fragen zu Ihrer künftigen Selbstständigkeit beantworten wird: Welche würden Sie ihr stellen? Besonders bewährt haben sich die folgenden Fragen:[3]

1. Haben Sie Interesse an …?
   Was hält Ihr Kunde ganz allgemein von Ihrer Idee, die Sie ihm gerade eben in wenigen Worten geschildert haben? Besteht ein genereller Bedarf? Wenn Sie schon über einen oder mehrere Prototypen Ihres Produkts verfügen, zum Beispiel die innovative Art von Postkarte, die Sie herstellen werden, dann können Sie diese als Anschauungsmaterial vorzeigen.

2. Welche besonderen Wünsche und Erwartungen verbinden Sie mit …?
   Diese Frage zielt darauf ab herauszufinden, welchen Bedarf Ihr Kunde genau hat. Wenn Sie das richtige Stichwort geben, fallen den Befragten oft ganz von alleine Dinge ein, die sie sich in diesem Zusammenhang schon lange wünschen oder über die sie sich bei vorhandenen Anbietern immer wieder ärgern. Damit erhalten Sie entscheidende Hinweise, wie Sie Ihr

---

[3] *Ich orientiere mich hierbei an einem Beispielfragebogen, den mir Jo Nolte von Enigma zur Verfügung gestellt hat. Herzlichen Dank!*

Angebot gestalten müssen, um Wettbewerbsvorteile zu erreichen. Hören Sie zu und nehmen Sie es als Anregung, wenn Sie andere Dinge hören als die, die Sie bisher für wichtig gehalten haben. Erliegen Sie nicht der Versuchung, Ihren möglichen Kunden Aussagen in den Mund zu legen.

3. Was ist Ihnen bei … wichtig? Zum Beispiel Schnelligkeit, Zuverlässigkeit, der Preis, ein persönlicher Kontakt oder höchste Qualität.

   Mit dieser Frage finden Sie heraus, welche Kriterien kaufentscheidend sind. Welche Eigenschaften Sie in der Frage benennen, hängt vom Produkt und der Branche ab.

4. Wie oft würden Sie … kaufen?/Wie hoch ist das typische Auftragsvolumen?

   Würden die Befragten Ihre Dienstleistung ein einziges Mal kaufen oder fünfmal pro Woche? Die Frage hilft Ihnen dabei, den mengenmäßigen Bedarf näher zu bestimmen. Wenn Kunden Ihr Produkt regelmäßig kaufen, sind sie zudem als Bestandskunden besonders wertvoll.

5. Wo würden Sie suchen, wenn Sie … benötigen würden?

   Mit den Antworten hierauf erhalten Sie Hinweise, wo Sie werben oder präsent sein sollten und wer gute Kooperationspartner für Sie wären. Wenn Sie einen Laden oder ein Büro eröffnen, erfahren Sie etwas über den richtigen Standort und darüber, welche Strecke Ihre Kunden in Kauf nehmen würden, um zu Ihnen oder zu Ihrem Produkt zu gelangen.

6. Was wäre Ihnen … wert? Oder: Wäre ein Preis von … Euro für Sie akzeptabel? Oder: Was schätzen Sie, was … kosten würde?

   Haben Sie schon einen festen Preis im Kopf? Dann sollten Sie direkt nachforschen, ob die Befragten zu diesem Preis bei Ihnen einkaufen oder Ihnen einen Auftrag erteilen würden. Ansonsten können Sie die Frage auch offen formulieren, das Ergebnis ist dann aber nicht so aussagekräftig wie bei einem vorgegebenen Preis.

Wenn Sie sich eine Bezeichnung für Ihre Firma ausgedacht haben, die von Ihrem Vor- und Zunamen abweicht, können Sie auch gleich nachfragen, was Ihre Gesprächspartner davon halten und welche Assoziationen sie bei ihnen weckt. Am Ende der Befragung sollten Sie auf jeden Fall anbieten, Ihren Interviewpartner zu informieren, wenn Sie Ihr Geschäft eröffnen. Fragen Sie nach, wie Sie ihm eine Nachricht oder Einladung zukommen lassen können.

Überreichen Sie ihm auch eine Ihrer Visitenkarten, vielleicht möchte der Interviewpartner später noch einmal Kontakt zu Ihnen aufnehmen oder Sie weiterempfehlen!

Bauen Sie einen Prototypen - und setzen Sie ihn der Realität aus

Nicht jeder, der bei einer Befragung angibt, dass er etwas Bestimmtes kaufen würde, wird dies später auch tatsächlich tun. Testen Sie Ihre Geschäftsidee daher möglichst frühzeitig knallhart unter realen Bedingungen. Setzen Sie Ihre Idee einem „Reality Check" aus. Am besten erstellen Sie dazu einen Prototypen Ihres Produkts oder Ihrer Dienstleistung, der Ihnen als Grundlage für weiterführende Gespräche mit Ihren Kunden dient.

Gut zu wissen

WAS IST EIN REALITY CHECK?

Der Begriff „Reality Check" kommt aus den Ingenieurswissenschaften: Zunächst wird ein Prototyp der konstruierten Hardware oder Software hergestellt und dann testweise in Betrieb genommen. In dieser Phase prüft man, ob er alle essenziellen Funktionen ohne größere Mängel erfüllt.

Der Weg zu Ihrem eigenen Prototypen

Große Unternehmen führen heute kaum noch ein Produkt ohne Marktforschung und Pilotphase ein. Grund dafür sind vor allem die immensen Kosten, die in die Entwicklung und das Marketing neuer Produkte investiert werden müssen. Daher werden Kinofilme bereits vor dem offiziellen Start einem Testpublikum gezeigt, Fernsehsender prüfen die Quote neuer Serien mit Pilotfilmen, neue Zeitschriften erscheinen in Form einer Nullnummer.

Die Gespräche mit ausgewählten Testkunden aus der Zielgruppe über den Prototypen und der Erfolg des Pilotprodukts am Markt haben großen Einfluss auf das Endprodukt sowie seine Vermarktung. Filme enden anders als zuvor, Serien werden erst gar nicht produziert oder ein vielversprechender neuer Zeitschriftentitel erhält aufgrund der großen Nachfrage von Werbekunden einen größeren Umfang.

Lernen Sie von erfolgreichen Großunternehmen und stellen Sie Ihre eigene Nullnummer zusammen: Lassen Sie sich eine vorläufige Visitenkarte drucken oder fassen Sie Ihre vorläufigen Angebote auf einem Produktblatt oder auch auf einer Website zusammen.

Stellen Sie sich Ihren Businessplan als eine Art Software vor, als ein Programm, nach dem Ihr geplantes Geschäft funktionieren soll. Bauen Sie einen Prototypen Ihres Produkts oder Ihrer Dienstleistung, um essenzielle Annahmen Ihres Businessplans in der Realität überprüfen zu können. Nehmen Sie zum Beispiel den Zeit- und Kostenaufwand, um die geplante Dienstleistung zu erbringen oder das Produkt herzustellen, unter die Lupe. Gleichzeitig können Sie herausfinden, wie interessiert und zahlungsbereit Ihre künftigen Kunden in der Praxis tatsächlich sind.

Bei Software- und Internet-Angeboten haben sich „Friendly User Tests" und „Betatests" durchgesetzt. Während dieser Phasen nutzen oft schon hunderte oder tausende von Interessierten das Angebot (bei den Betatests von Google sind es sogar Millionen von Anwendern). Zunächst wird vom Nutzer kein Geld oder lediglich ein Selbstkostenpreis verlangt, der zum Beispiel die Herstellungs- und Vertriebskosten für eine CD deckt. Manchmal erbitten die Betreiber als Gegenleistung ein Feedback zum Produkt und die Meldung von Fehlern. Können Sie für Ihr Produkt vielleicht einen Friendly User Test durchführen?

Beispiele für Prototypen

Sie wollen Trainer werden? Dann ist Ihr Prototyp ein Vortrag, den Sie zunächst kostenlos den Mitgliedern eines Vereins oder Berufsverbandes anbieten. Sie stellen fest, was bei den Zuhörern ankommt, erhalten inhaltliche Anregungen und gewinnen Kontakte. Unter den Zuhörern ist vielleicht jemand, der Sie anschließend für seine Firma engagiert.

Sie wollen sich als Dienstleister oder Berater zu einem bestimmten Thema einen Namen machen? Im Gegensatz zu Ihren Wettbewerbern haben Sie noch keine Fachaufsätze oder -bücher publiziert und wollen auch nicht gleich für tausende von Euro eine aufwändige Website programmieren lassen? Dann fangen Sie doch einfach mit einem Blog an, also einer Website, auf der Sie regelmäßig Beiträge veröffentlichen, die dann von den Lesern kommentiert werden können. Ein Blog eignet sich sehr gut, um den eigenen Expertenstatus nach und nach aufzubauen.

WAS IST EIN BLOG?

Auch als Laie können Sie ganz schnell ein Weblog (abgekürzt Blog) eröffnen. Dazu brauchen Sie nichts weiter als Ihren Internetzugang. Die Software zum Erstellen eines Blogs läuft ebenso wie der Blog selbst auf dem Rechner des Anbieters, den Sie ausgewählt haben. Sie können sich ganz auf das Schreiben Ihrer Inhalte konzentrieren, Ihre Seite wird automatisch in Suchmaschinen gelistet. Sie können Ihren Blog so einrichten, dass andere Nutzer auf Ihre Beiträge reagieren, an Abstimmungen teilnehmen können usw. Auf diese Weise nehmen Sie Kontakt zu anderen am Thema Interessierten auf und finden heraus, was diese bewegt.

Wenn Sie sich in der Gastronomie selbstständig machen wollen, kann der Prototyp darin bestehen, dass Sie Ihre Idee zunächst auf einem Schul- oder Kirchenfest zum Selbstkostenpreis anbieten. Oder Sie übernehmen das Catering auf einer Party, die von Freunden veranstaltet wird. Das Feedback zeigt Ihnen, wie Ihr Konzept bei anderen ankommt.

So stellen Sie Ihre Akquisemaßnahmen auf den Prüfstand

Wenn Sie sehr schnell eine bestimmte Anzahl von Kunden benötigen, zum Beispiel weil ein Vortrag oder eine Veranstaltung sich erst ab einer bestimmten Zahl von Teilnehmern lohnt oder weil Sie nur so Ihre Investitionen oder laufenden Kosten wieder einspielen können, ist die Wirksamkeit Ihrer Werbemaßnahmen von entscheidender Bedeutung. Denn wenn die Werbung nicht wie geplant wirkt, steht Ihr Business schnell vor dem Aus.

In den im vorausgehenden Abschnitt gewählten Beispielen wurde eine solche Situation bewusst vermieden, für die Kunden sorgten hier der Berufsverband (beim Trainer), der Blog (beim Experten) oder der Party-Gastgeber (beim angehenden Gastronomen). Diese Kooperationspartner dienten sozusagen als Vertriebskanäle. Doch die Annahmen über die Wirksamkeit der geplanten Werbemaßnahmen sind einer der größten Unsicherheitsfaktoren in allen Businessplänen. Ihr gesamtes Geschäftsmodell wird infrage gestellt, wenn bei der Flugblattaktion statt der erhofften 15 Kunden nur ein oder zwei Interessenten herauskommen, die dann auch noch abspringen, oder wenn sich auf die teure Anzeige so wenig Leute melden, dass die geplante Akquiseveranstaltung dann doch abgesagt werden muss.

Werbemaßnahmen testen

Um die Wirksamkeit der geplanten Werbemaßnahme im Vorfeld zu testen, sollten Sie auch hier erst einmal einen Prototypen erstellen. Am einfachsten ist dies bei Textanzeigen – sei es als gedruckte Kleinanzeige in einer Zeitung oder als Online-Anzeige etwa bei Google – sowie bei Handzetteln und Mailings. Sie können diese Art von Werbung selbst erstellen und mit geringen Kosten in verschiedenen Varianten schalten, verteilen oder versenden. Dabei geben Sie Ihre E-Mail-Adresse oder Telefonnummer als Responsemedium für die Empfänger an.

Wenn Ihr Posteingang leer bleibt und Ihr Anrufbeantworter nicht blinkt, haben Sie den Nerv der Kundschaft noch nicht getroffen oder vielleicht das falsche Medium gewählt. Gehen Sie dann einen Schritt zurück und befragen Sie mögliche Kunden aus Ihrer Zielgruppe unmittelbar, wie die Anzeige auf sie wirkt, welcher Aufhänger sie am meisten anspricht und in welchem Medium sie sie erwarten würden. Testen Sie Ihre Werbung auch in verschiedenen Varianten. Selbst kleine Änderungen in der Formulierung können einen deutlichen Effekt auf die Responserate ausüben!

Sicher stellen Sie sich jetzt die Frage, ob Sie die beworbene Leistung tatsächlich erbringen müssen. Die geschalteten Testanzeigen für den geplanten Gastro-Event bringen vielleicht noch nicht ausreichend Gäste, und mit dieser Begründung können Sie die Veranstaltung absagen. Bieten Sie den Kunden an, sie beim nächsten Anlauf nochmals einzuladen. Wenn Sie aus den Erfahrungen der ersten Testrunde Ihre Lehren ziehen, klappt es beim zweiten Mal bestimmt.

Mit einem gewissen Maß an Kreativität können Sie Marketingmaßnahmen mit geringem Aufwand schon in einer sehr frühen Phase testen und dadurch entscheidende Annahmen Ihres Businessplans rechtzeitig überprüfen.

Vertriebsmaßnahmen testen

Wenn für Sie das Telefonmarketing eine wichtige Rolle bei der Akquise spielen wird, werden Sie von der oben beschriebenen Kundenbefragung besonders profitieren: Über die Beantwortung Ihrer Fragen hinaus lernen Sie auch noch die Gesprächsführung am Telefon. Daher lohnt sich der zusätzliche Zeiteinsatz im Vergleich zu einer schriftlichen Befragung. Zögern Sie nicht, an einem Seminar zu dem Thema Telefonmarketing oder Verkaufstechnik teilzunehmen. Vielleicht sträuben Sie sich dagegen, sich mit dem Thema Verkaufen auseinanderzusetzen. Doch letztlich werden Sie davon profitieren, wenn Sie sich für die neuen Erfahrungen öffnen.

Wenn Sie auf Networking zur Kundengewinnung setzen, dann sollten Sie ebenfalls schon lange vor der Gründung damit beginnen, denn es dauert eine gewisse Zeit, sich in einem Netzwerk bekannt zu machen und erste Empfehlungen zu erhalten.

Wenn Sie sich für eine Tätigkeit im Außendienst interessieren, ist es sinnvoll, andere Vertriebsmitarbeiter auf ihren Touren zu begleiten. So bekommen Sie einen Eindruck, welche Umsetzungsrate erreichbar ist, und können vielleicht auch selbst schon einmal probeweise in die Rolle des Vertriebsmitarbeiters schlüpfen. Ähnliches gilt, wenn Sie im Business-to-Business-Geschäft hauptsächlich mit Präsentationen arbeiten werden. Sie können schon jetzt einen Prototypen erstellen und Ihren Vortrag halten. Da Sie während dieser Phase noch Marktforschung betreiben, können Sie statt des verkäuferischen zunächst den Informationsaspekt in den Vordergrund rücken. Berücksichtigen Sie hierbei die Fragestellungen, die auch für eine Kundenbefragung wichtig sind.

Kapitel 5

Der direkte Weg zum Businessplan

Der Businessplan ist Voraussetzung, um den Gründungszuschuss, das Einstiegsgeld oder einen Bankkredit zu erhalten. Doch vor allem schreiben Sie ihn für sich selbst. Sie beweisen sich damit, dass Ihr Vorhaben von vorn bis hinten durchdacht ist, und nehmen viele Überlegungen und Zweifel vorweg. Damit haben Sie auf Einwände die richtigen Antworten parat und können sofort auf Fehlentwicklungen reagieren. Behalten Sie dies im Hinterkopf, wenn Sie dieses Kapitel durcharbeiten.

Welche formalen Aspekte sind zu beachten?

Ihren Businessplan müssen Sie von einer fachkundigen Stelle auf Tragfähigkeit prüfen lassen und ihn bei der Arbeitsagentur einreichen. Sie schreiben den Businessplan also vordergründig für die fachkundige Stelle, doch sie selbst profitieren am meisten davon. Denn wenn Sie gründlich arbeiten, sind unerwartete Planabweichungen weniger wahrscheinlich, weil Sie alle wichtigen Aspekte geprüft haben. Mit einem fundierten Businessplan verringern Sie die Gefahr eines Scheiterns ganz erheblich, das haben auch wissenschaftliche Untersuchungen immer wieder gezeigt. Nehmen Sie sich daher ausreichend Zeit und recherchieren Sie gründlich.

Ein Businessplan besteht aus dem Text- und dem Zahlenteil sowie dem Anhang. Bei der Ausarbeitung sind von Anfang an einige wichtige Aspekte zu beachten.

Der Umfang

Generell gilt: Je kürzer ein Businessplan ist, desto besser. Allerdings müssen Sie darin alle wichtigen Fragen schlüssig beantworten. Die meisten Leser haben nicht mehr als eine Stunde Zeit, um einen ganzen Businessplan inklusive Zahlenteil durchzulesen. Ist das Gesamtdokument zu umfangreich, werden der Gründungsberater und erst recht der Berater der Arbeitsagentur Teile davon in der Kürze der Zeit nur überfliegen können – und dadurch vielleicht wichtige Details im Plan übersehen.

In der Regel benötigen Sie sechs bis acht Seiten für den Textteil, wenn Sie ein Einzelunternehmen gründen und sich recht kurz fassen. Die absolute Obergrenze liegt bei zwölf bis 16 Seiten. Wenn Sie mehr Material unterbringen wollen, so verschieben Sie dieses in den Anhang. Der darf auch gerne umfangreicher ausfallen. Der Zahlenteil ist relativ standardisiert und wird je nach Schriftgröße vier bis sieben Seiten füllen.

Manche fachkundigen Stellen und Arbeitsagenturen geben sich auch mit einem geringeren Umfang zufrieden. Bedenken Sie aber, dass es nicht nur darum geht, den Stempel einer fachkundigen Stelle zu erhalten (der gerade in solchen Fällen keinerlei Garantie für eine Bewilligung des Gründungszuschusses ist), sondern um viel Zeit, Lebensenergie und auch finanzielle Mittel, die Sie in Ihre Gründung investieren. Je durchdachter Ihr Konzept, umso spezifischer und wertvoller ist der Rat, den Ihr Gründungsberater Ihnen dazu geben kann.

Das Handwerkszeug

Zum Schreiben des Businessplans brauchen Sie zwei Programme: Ein Textverarbeitungsprogramm wie Word, Pages oder Writer für den Textteil und eine Tabellenkalkulation wie Excel, Numbers oder Calc für den Zahlenteil.

Tipp

MUSS ICH JETZT EINE TEURE SOFTWARE KAUFEN?

Zwar haben die Produkte von Microsoft einen extrem hohen Marktanteil, weshalb sie hier direkt beim Namen genannt werden, und bestimmen damit das Dateiformat, in dem Texte und vor allem Kalkulationstabellen ausgetauscht werden. Aber es gibt viele andere Programme, die zu ihnen kompatibel sind und das Öffnen und Abspeichern in diversen Word- und Excel-Formaten erlauben, zum Beispiel Pages und Numbers für MacOS oder Writer und Calc sowie ihre Entsprechungen im Rahmen kostenloser Office-Pakete wie OpenOffice und LibreOffice.

Mit einem Textverarbeitungsprogramm wie Word sind Sie wahrscheinlich vertraut, aber nicht jeder Gründer hat schon mit einer Tabellenkalkulation gearbeitet. Doch ist dies unumgänglich, da es gut sein kann, dass Sie den Zahlenteil des Businessplans schon nach wenigen Wochen anpassen müssen. Vielleicht wollen Sie auch verschiedene Szenarien durchrechnen: Was passiert, wenn Sie den einen großen Auftrag bekommen, was, wenn nicht? Außerdem können Sie mit einem Tabellenkalkulationsprogramm sehr schnell auf die Anregungen der fachkundigen Stelle reagieren. Da der Zahlenteil später als Controllinginstrument dienen kann, wollen Sie vielleicht nach Anlaufen des Geschäfts den Planzahlen Ist-Zahlen gegenüberstellen. Auch das fällt wesentlich leichter, wenn Sie ein solches Programm verwenden.

HINWEISE ZUR BERECHNUNG

Eine Tabellenkalkulation wie Excel setzt sich aus mehreren Tabellen zusammen, zwischen denen Sie über Karteikarten-reiter wechseln. Die Tabellen bestehen wiederum aus Feldern, wobei zwei Arten davon zu unterscheiden sind:

→ Eingabefelder, in die Sie Ihre Annahmen zu Umsätzen, Kosten usw. eintragen

→ Felder, in denen Formeln hinterlegt sind, die aus Ihren Eingaben die gewünschten Ergebnisse berechnen

Üblicherweise beginnen Sie mit einem leeren Tabellenblatt und geben alle Werte und Formeln selbst ein, sie bauen also Ihre eigene Tabelle auf. Viel Zeit und Rechenfehler bei der Eingabe der Formeln können Sie sich sparen, wenn Sie die Vorlage (Template) verwenden, die wir unter www.jeder-ist-unternehmer.de/bplan anbieten.

Zwar ist es möglich, in Excel Grafiken zu erzeugen, die den Textteil auflockern oder wichtige Zusammenhänge visualisieren. Sie ersetzen aber auf keinen Fall den Zahlenteil und werfen häufig mehr Fragen auf, als sie beantworten. Die Prüfer werden deshalb immer direkt die eigentlichen Zahlen anschauen. Auch das Erstellen von Präsentationen mit Powerpoint ist unnötig, wenn Sie mit Ihrem Businessplan den Gründungszuschuss oder das Einstiegsgeld beantragen, ihn also nicht einer größeren Gruppe von Finanziers oder Geschäftspartnern vorstellen müssen.

Schnell zum ersten Wurf

Wer einen Businessplan erstellt, sitzt häufig zum ersten Mal seit langer Zeit vor einem leeren Blatt Papier. Die meisten zukünftigen Gründer finden es schwierig, mit dem Schreiben des Businessplans „richtig" anzufangen. Oder sie bleiben zwischendurch hängen, wenn sie ihre eigenen hochgesteckten Erwartungen nicht erfüllen können.

Der erste Schritt besteht deshalb darin, sich von dem eigenen Erwartungsdruck frei zu machen. Betrachten Sie den Businessplan als einen umfangreichen Fragebogen, den Sie mit möglichst überzeugenden Antworten ausfüllen müssen (siehe dazu die Ausführungen in Kapitel 6). Schreiben Sie auf, was Ihnen zu den einzelnen Fragen mit Ihrem vorhandenen Wissensstand einfällt.

ÜBUNG

Antworten Sie schnell

Wählen Sie eine der Fragen aus dem „Fragebogen" aus. Stellen Sie sich dann einen Wecker, und schreiben Sie innerhalb von fünf bis zehn Minuten eine Antwort auf diese eine Frage auf. Sie werden sehen, dass Ihre Ausführungen – wenn sie erst einmal auf dem Papier stehen und Sie sie sich selbst oder anderen laut vorlesen – eine andere Qualität erhalten. Denn dann lässt sich darüber sprechen, ob Ihre Antwort überzeugend und realistisch ist oder ob sie vielleicht überhaupt nicht die Frage beantwortet.

Darin genau besteht zu diesem Zeitpunkt das Ziel: Sie sollten möglichst schnell an den Punkt kommen, an dem Sie mit anderen ganz konkret über Ihre Idee sprechen können. Sobald Sie so weit sind, ist Ihr Businessplan auf einem sicheren Weg.

Schnell zum Textteil

An ein bis zwei Tagen können Sie bereits einen ersten Wurf Ihres Textteils schreiben. Dazu verwenden Sie den schon erwähnten Fragebogen in Kapitel 6 mit vielen Tipps zum „Ausfüllen". Nehmen Sie sich diesen vor und schreiben Sie jede einzelne Frage mit der passenden Antwort jeweils auf ein Blatt Papier oder – noch besser – direkt in Ihre Textverarbeitung. Geben Sie sich nicht mehr als fünf oder zehn Minuten Zeit pro Antwort. Dabei werden Sie feststellen, was Sie noch in Erfahrung bringen müssen. Widerstehen Sie aber der Versuchung, sofort ins Internet zu wechseln und zu recherchieren. Wenn Sie wissen, dass Ihnen das schwerfällt, sollten Sie am besten das Netzwerkkabel vom Computer abziehen oder das WLAN abschalten. Statt sofort nach den fehlenden Informationen zu suchen, schreiben Sie die entsprechende Fragestellung unter Ihre vorläufige Antwort oder auf ein getrenntes Blatt, auf dem

Sie all Ihre Rechercheaufgaben notieren. Dabei können Sie konkrete Annahmen treffen, zum Beispiel: „In X gibt es y Anbieter des Produkts Z", wobei Sie y zunächst grob schätzen. Anschließend notieren Sie sich, dass Sie den genauen Wert y herausfinden müssen – am besten zusammen mit einem Stichwort, wo die Recherche ansetzen könnte.

Vielleicht wird Ihnen zu mancher Frage spontan nicht allzu viel einfallen. Nehmen Sie sich aber fest vor, trotzdem eine Antwort aufzuschreiben. Dies führt oft zu neuen Einfällen, und Sie formulieren zumindest die Leitfrage, mit der Sie dann zu einem späteren Zeitpunkt die Recherche beginnen können.

Schnell zum Zahlenteil

Die Erstellung einer ersten Fassung des Zahlenteils gelingt schnell, wenn Sie sich das Excel-Template zur Businessplanerstellung im Internet unter der Adresse www.jeder-ist-unternehmer.de/bplan downloaden. Damit liegt Ihnen ein gut verständlicher Fragebogen vor, den Sie mit jeder einzelnen Angabe Stück für Stück ausfüllen. Hier sind bereits sämtliche notwendigen Teilpläne (Investitionsplan, Kostenplan usw.) enthalten.

Der entscheidende Vorteil bei dieser Vorgehensweise ist, dass Sie einen formal korrekten Businessplan vor sich haben, der auf Ihren eigenen Zahlen beruht. Bisher wenig anschauliche Begriffe und Zusammenhänge werden Ihnen dadurch sehr viel schneller verständlich, da Sie Ihre Zahlen an der richtigen Stelle einsetzen und dort auch wiederfinden.

Auf dieser Grundlage können Sie sich in Excel auf die Feinarbeit konzentrieren: nämlich Ihre Annahmen so zu variieren, dass Sie zu einem trag- und genehmigungsfähigen Businessplan gelangen. Was Sie dabei beachten müssen, lesen Sie in Kapitel 7. Doch selbst ohne genaueres Wissen und aufwändige Recherche liegt Ihnen schon bald ein erster Wurf des Zahlenteils vor, der als Grundlage für Gespräche über Ihren Businessplan dienen kann.

Erstes Feedback: Sprechen Sie mit anderen über Ihren ersten Wurf

Nun haben Sie das erste Ziel erreicht, Sie können Ihr Konzept anderen zeigen und mit ihnen darüber sprechen. Dies wird Sie zum einen motivieren und Ihnen neue Energie geben, zum anderen erhalten Sie Anregungen, die Sie sicher weiterbringen. Sie werden feststellen, dass Sie in der Kürze der Zeit bereits etwas Vorzeigbares geschaffen haben, das von anderen als Diskussionsgrundlage ernst genommen wird. Schieben Sie diesen Moment nicht hinaus, bis das eine oder andere endgültig geklärt ist. Es geht nicht darum, andere zu beeindrucken, sondern frühzeitig ein erstes Feedback zu einem vorläufigen Konzept zu erhalten.

Fangen Sie gleich an, notieren Sie die Namen und Telefonnummern von fünf Personen, die Sie darum bitten können, Ihren Businessplan in unterschiedlichen Stufen der Entwicklung zu lesen. Wer wäre im Verwandten- und Bekanntenkreis dazu bereit? Kennen Sie Selbstständige, die Sie um einen solchen Gefallen bitten können? Beziehen Sie auch ehemalige Arbeitskollegen oder andere Existenzgründer ein, die Sie in letzter Zeit kennengelernt haben. Sprechen Sie nicht nur mit Freunden, sondern durchaus auch mit entfernteren Bekannten, denn diese verfügen über einen anderen Erfahrungshintergrund und können neue Anregungen liefern.

Als besonders hilfreich hat es sich erwiesen, wenn ein Gründer Mitglieder der Zielgruppe seines künftigen Unternehmens kennt, die er direkt befragen kann. Sollten Ihnen nicht ohne weiteres fünf gute Ansprechpartner einfallen, können Sie auch in Ihrem Bekanntenkreis um die Empfehlung von geeigneten Ansprechpartnern bitten.

● ●

ÜBUNG

Die fünf besten Ansprechpartner

1. _____, Telefon: _____
2. _____, Telefon: _____
3. _____, Telefon: _____
4. _____, Telefon: _____
5. _____, Telefon: _____

● ●

Selbst wenn Sie noch nicht mit dem Schreiben des Plans begonnen haben, machen Sie am besten jetzt gleich einen Termin mit einem Bekannten aus: Rufen Sie an und fragen Sie, ob er oder sie dazu bereit wäre, einen ersten

Wurf des Businessplans anzuschauen und Ihnen hierzu ein konstruktives Feedback zu geben. Sagen Sie ihm, wann Sie die Dateien in etwa zuschicken werden, und vereinbaren Sie auch schon einen Termin für ein Feedbacktelefonat oder -gespräch.

Vielleicht werden Ihnen bei diesem Gespräch einige der Fragen und Einwände von Bekannten auf die Nerven gehen, weil sie trivial scheinen oder Sie das Gefühl haben, dass Ihr Gesprächspartner immer noch nicht verstanden hat, was Sie eigentlich vorhaben. Doch gerade diese Fragen sind besonders wertvoll, vor allem, wenn sie von einem Mitglied Ihrer Zielgruppe kommen. Jeder Einwand bietet Ihnen die Chance, kritische Fragen von Kunden, aber auch von der fachkundigen Stelle oder der Arbeitsagentur vorwegzunehmen und schon vorab die richtige Antwort zu finden. Betrachten Sie deshalb jede kritische Frage als Chance, Ihr Konzept noch besser und fundierter zu gestalten.

Notieren Sie sich derartige Fragen und formulieren Sie schriftlich eine überzeugende Antwort. Rufen Sie dann denjenigen an, der den Einwand formuliert hat, oder mailen Sie ihm Ihre Antwort zu, um zu prüfen, ob Sie ihn wirklich von Ihrer Idee überzeugen können. Jede befriedigende Antwort bildet einen weiteren Baustein für Ihren Businessplan und die Gespräche dazu.

Recherche und Überarbeitung

Der erste Wurf des Businessplans steht. Freunde oder Bekannte haben ihn gelesen und Ihnen dazu Feedback gegeben. Jetzt stehen Sie vor einer ganzen Reihe von offenen Fragen und Details, die Sie klären müssen. Die Recherchephase beginnt. Planen Sie dafür ruhig eine ganze Woche Zeit ein, allerdings sollte sie auch nicht länger dauern. Mit dieser Arbeit verbessern Sie die Erfolgschancen Ihrer Gründung deutlich, da Sie Ihre Annahmen überprüfen und Beweise dafür suchen, dass sie richtig sind. Sie werden sehr viel darüber lernen, wie Ihr künftiges Geschäft funktioniert.

Offene Fragen auflisten

Die größte Gefahr in dieser Phase besteht darin, dass Sie sich an einem Thema festbeißen. Dann können Sie hierzu am Ende der Woche wahrscheinlich viel zu viel schreiben, sind dafür aber bei anderen Punkten kaum vorangekommen. Erstellen Sie deshalb eine Liste der Fragen, die Ihnen und Ihren Freunden beim Lesen des Businessplans eingefallen sind. Notieren Sie auch alle kritischen Annahmen, die Sie getroffen haben. Dazu gehören die Auslastung und Preise, die Sie erzielen wollen, aber auch Kostenpositionen, bei deren Höhe Sie unsicher sind.

Wahrscheinlich wird die Liste sehr lang, und damit ist fraglich, ob Sie alles in einer Woche abarbeiten können. Versehen Sie deshalb die einzelnen Recherche-Aufgaben mit Prioritäten. Tragen Sie in einer neu angelegten Spalte die Buchstaben A, B oder C ein für:

A = muss ich während der laufenden Woche auf jeden Fall noch recherchieren

B = Recherche nur, wenn Zeit bleibt

C = spätere Recherche ausreichend

Sie sollten nicht mehr als zehn „A"-Prioritäten vergeben, damit Ihnen für jede dieser Aufgaben ein halber Tag zur Verfügung steht. Haben Sie zu oft „A" eingetragen, müssen Sie einigen dieser Punkte ein „B" zuweisen.

Und dann geht es los mit der Recherche. Bis zum Mittag des ersten Tages beschäftigen Sie sich mit der ersten Aufgabe. Ganz egal, welchen Stand Sie bis dahin erreicht haben, am Nachmittag gehen Sie zum nächsten Punkt über. Schließlich ist nun die Hauptsache, dass Sie sich während dieser Woche mehr Wissen über die zehn wichtigsten noch offenen Punkte aneignen.

Tipp

BEHALTEN SIE DIE ÜBERSICHT

Damit Sie nicht den Überblick verlieren, empfiehlt es sich, für jede Teilrecherche ein neues Blatt Papier zu benutzen. Wahrscheinlich bleibt es nicht bei einer Seite Notizen, Sie fertigen Ausdrucke an und wollen einem Thema auch andere Materialien zuordnen. Sammeln Sie diese in getrennten Dokumenthüllen, oder legen Sie einen Ordner mit Trennstreifen für jede Einzelrecherche an.

Richtig recherchieren

Während man früher weite Wege und Wartezeiten auf sich nehmen, Bibliotheken und Institute besuchen und umfangreichen Schriftverkehr führen musste, reichen heute für die meisten Recherchen ein Computer mit Internetanschluss und ein Telefon. Es gibt keine Ausrede mehr, wenn Sie als Gründer nicht genau über Ihre Branche und Wettbewerber Bescheid wissen.

Beginnen Sie Ihre Recherche, indem Sie sich einen Überblick über die zur Verfügung stehenden Informationsquellen verschaffen. Erstellen Sie Listen der wichtigsten Organisationen, Fachzeitschriften, Internetseiten, Links, Bücher, Statistiken, Experten und Lieferanten. Legen Sie am besten jeweils zwei Spalten an: In die eine tragen Sie ein, wie die Quelle heißt und erreichbar ist, in die andere, welche Informationen sie bereitstellt. Auf diese Weise wissen Sie später, wo Sie nach einer bestimmten Information suchen müssen.

Erste Anlaufstellen im Internet

→ Die ersten Adressen, die Sie im Internet besuchen sollten, sind die der Branchen- und Berufsverbände. Hier sind häufig Jahrbücher, Studien, Mitgliederzeitschriften und Ähnliches zu finden, die voller interessanter Informationen für Sie stecken und wichtige Statistiken enthalten. Einige Verbände machen darüber hinaus sogar ihre Mitgliederlisten öffentlich.

→ Finden Sie heraus, welche Zeitschriften in Ihrer Branche wichtig sind, und fordern Sie ein Probeexemplar an. Besuchen Sie auch deren Websites, hier werden häufig zusätzliche Informationen und Dienstleistungen angeboten.

→ Suchen Sie im Internet gezielt nach Branchen- und Marktstudien. Neben den Banken können die auf Ihre Branche spezialisierten Beratungsunternehmen gelegentlich auch eine gute Quelle sein. Größere Beratungsunternehmen führen manchmal Studien sowie Befragungen durch und stellen diese teilweise kostenfrei zur Verfügung, um sich einen Namen in der Branche zu machen. Ebenso sind Marktforschungsunternehmen und Verlage eine hilfreiche Quelle für Studien.

→ Hierzu sei gesagt, dass die Bedeutung von Branchenberichten und -analysen von vielen Gründern überschätzt wird. Daher werden hier nur ausgewählte Quellen genannt, die vor allem für kleine Gründer wichtig sein können. Einige davon sind kostenpflichtig zu haben, andere stehen umsonst zur Verfügung.

– Branchenbriefe der Banken (Volks- und Raiffeisenbanken, Sparkassen und andere Banken)
– Feri-Branchenratings
– Richtsatzsammlung der Finanzbehörden
– Fachserien des Statistischen Bundesamtes

BEZUGSQUELLEN FÜR BRANCHENSTUDIEN
Ein Verzeichnis der Bezugsquellen wichtiger Branchenstudien finden Sie unter www.jeder-ist-unternehmer.de/branchenstudien.

→ Wenn Sie für Ihre Tätigkeit spezielle Geräte, branchenspezifische Software oder Materialien benötigen, wenden Sie sich an die entsprechenden Lieferanten. Sie kennen Branche und Wettbewerber oft sehr gut und werden Ihnen als potenziellem neuem Kunden aufgeschlossen gegenüberstehen. Gelegentlich bieten solche Lieferanten und Dienstleister auch interessante Studien an oder organisieren Fachseminare für Mitglieder der Branche.

→ Eine unter Gründern weniger bekannte, aber oftmals sehr nützliche Quelle sind Adressverlage, zum Beispiel Schober (www.schober.de) oder BeDirect (www.bedirect.de). Sie bieten kostenlos Kataloge an, in denen jede Branche fein gegliedert und nach Unternehmensgrößenklassen und Postleitzahlenbereichen analysiert wird. Gezielte Informationen zu bestimmten Wettbewerbern können Sie auch über Firmeninformationsdienste wie etwa Creditreform (www.creditreform.de) erhalten. Für Pflichtveröffentlichungen von Unternehmen, wie zum Beispiel die im Handelsregister, haben sich sogar spezielle Dienstleister entwickelt, die die relevanten Informationen sehr schnell und zuverlässig zur Verfügung stellen. Nutzen Sie als erste Anlaufstelle die Website www.handelsregister.de.

Zögern Sie nicht, bei Ihren Recherchen zum Telefonhörer zu greifen und direkt bei einem Unternehmen oder einer Organisation anzurufen. Auf diese

Weise erhalten Sie oftmals entscheidende Tipps, die weit über die veröffentlichten Informationen hinausgehen. Fragen Sie jeden Gesprächspartner, mit welchen Personen Sie in Bezug auf Ihr Anliegen noch sprechen oder was Sie noch lesen sollten.

Networking und Expertenbefragung

Networking hat sehr viel mit Recherche zu tun. Denn eine der größten Stärken eines Netzwerks besteht darin, dass Sie über Ihre Kontakte mittelbar Menschen finden können, die möglicherweise Experten gerade auf dem Wissensgebiet sind, über das Sie etwas herausfinden möchten. Jemand, bei dem Sie sich auf Empfehlung eines gemeinsamen Bekannten melden, wird sehr viel offener und vertrauensvoller mit Ihnen sprechen als ein Fremder, mit dem Sie noch niemals zu tun hatten. Bauen Sie sich daher ein ganz persönliches Experten-Netzwerk auf.

Betrachten Sie jedes Gespräch im Rahmen Ihrer Businessplan-Recherche als ein Expertengespräch, selbst wenn Sie „nur" einen Bekannten nach ein paar Tipps fragen. Machen Sie es sich zur Angewohnheit, am Gesprächsende immer für die Hilfe zu danken und zu fragen, ob Ihr Gegenüber noch jemanden kennt, mit dem Sie sich unterhalten sollten. Auf diese Weise sammeln Sie indirekte Expertenkontakte und können vielleicht sogar eine Verbindung mit einem Ihrer Topexperten aufbauen.

Es gibt in diesem Zusammenhang eine wissenschaftliche Theorie, wonach in der entwickelten Welt jeder jeden über durchschnittlich sechs „Ecken" („Degrees of Separation") kennt. Innerhalb einer Branche sind es in vielen Fällen nur ein, zwei oder drei Ecken von dem einen Branchenmitglied zu einem anderen.

Nachhelfen können Sie bei der Expertensuche, indem Sie sich gezielt in Ihrer künftigen Branche engagieren und vielleicht auch etwas schaffen, mit dem Sie sich Ihrerseits bei den Experten revanchieren können. Sprechen Sie mit Steuer- und Existenzgründungsberatern, besuchen Sie Fachveranstaltungen und nehmen Sie an Veranstaltungen von Berufs- und Branchenverbänden teil, um dort für Sie interessante Kontakte zu knüpfen.

Außerdem finden Sie Experten als Autoren von Büchern oder Zeitschriftenartikeln, auf Messen oder in Branchenforen im Internet. Denken Sie daran, dass Ihnen die Beziehungen, die Sie auf diese Weise aufbauen, nicht nur bei der Recherche und Gründung, sondern sicherlich weit darüber hinaus von Nutzen sein werden.

Tipp

WER SIND DIE BESTEN EXPERTEN?

Erstellen Sie eine Expertenliste: Nehmen Sie dazu ein DIN-A4-Blatt quer und notieren Sie zunächst die Fragestellung, zu der Sie recherchieren. Wenn Sie wollen, können Sie auch erst einmal die Namen der Experten in Ihrer Branche oder diejenigen zum Thema Existenzgründung allgemein notieren. Legen Sie nun eine Tabelle mit drei getrennten Spalten an.

→ Direkte Expertenkontakte: Wer von Ihren Kontakten kennt sich bei dem für Sie interessanten Thema am besten aus? Schreiben Sie auch gleich die Telefonnummer und E-Mail-Adresse auf.

→ Indirekte Expertenkontakte: Hier notieren Sie zukünftig die Namen der Experten, die Sie über Ihre eigenen Kontakte mittelbar kennenlernen werden.

→ Topexperten: In dieser Spalte listen Sie die besten Experten auf, die Ihnen zum jeweiligen Thema einfallen. Das könnte jemand beim Branchenverband sein, ein Buchautor oder auch ein erfolgreicher Unternehmer.

Einarbeiten der Änderungen und Feedback

Nachdem Sie eine Woche lang konzentriert recherchiert haben, arbeiten Sie die wichtigsten Einsichten, die Sie während dieser Phase gewonnen haben, in Ihren Businessplan ein. Behalten Sie alles Material, das Sie im Lauf dieser Zeit archiviert haben, sicher wird Ihnen diese Sammlung später noch von Nutzen sein.

Bitten Sie dann einen oder zwei der zuvor ausgewählten Ansprechpartner darum, Ihren überarbeiteten Businessplan gegenzulesen. Oder – wenn Sie sich schon so sicher fühlen – geben Sie Ihren Plan einem Unternehmensberater, um dessen Meinung einzuholen. Abhängig vom Feedback Ihrer Ansprechpartner und von Ihrem eigenen Gefühl entscheiden Sie dann, ob eine weitere Recherche- und Überarbeitungsphase nötig ist.

Zeitplan: vom ersten Wurf zum fertigen Businessplan

Wenn Sie sich über Ihr grundsätzliches Geschäftsmodell im Klaren sind, sollten Sie für die Erstellung eines fundierten Businessplans einen Zeitaufwand von etwa vier bis sechs Wochen einplanen. Haben Sie bereits Erfahrungen mit dem Schreiben von Businessplänen gemacht, dann verkürzt sich diese Zeit ein wenig.

Allerdings kann es passieren, dass Sie erst beim Schreiben erkennen, dass Ihre Geschäftsidee nicht tragfähig ist. Das wirft Sie möglicherweise noch einmal zurück, bewahrt Sie aber davor, sich in ein wenig aussichtsreiches Abenteuer zu stürzen. Machen Sie sich für Ihr Vorhaben auf jeden Fall zunächst einmal einen groben Zeitplan, ein Muster hierfür finden Sie im Folgenden.

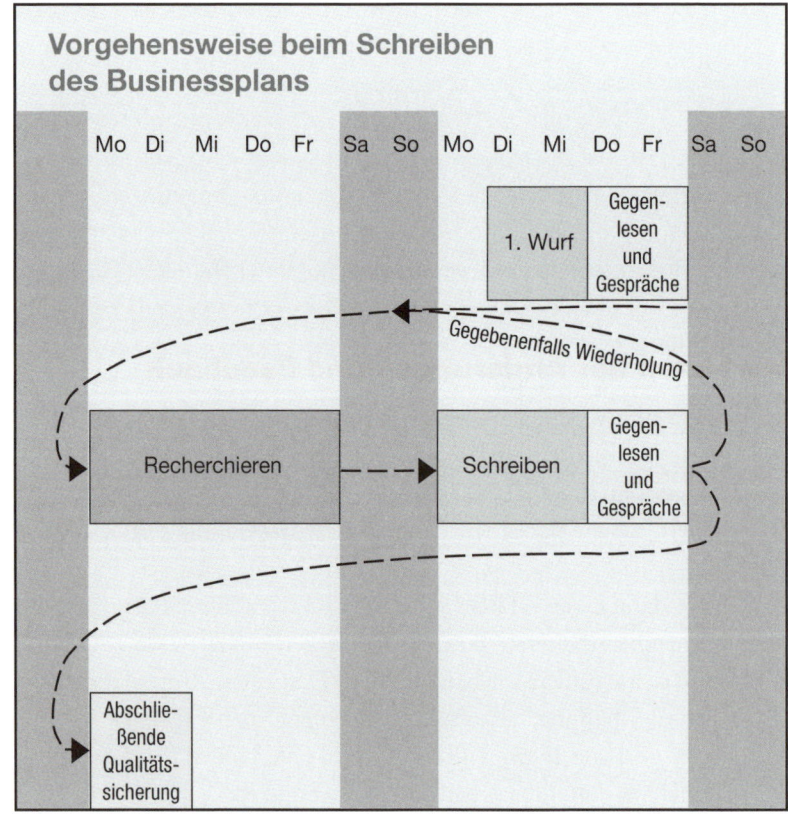

Erstellen Sie Ihren Zeitplan

Tragen Sie die entsprechenden Termine ein, die die Grundlage für Ihren groben Zeitplan darstellen.

Zeitrahmen (speziell für Gründungszuschuss)

→ Beginn des Arbeitslosengeld-I-Bezugs: ____

→ Ende des Arbeitslosengeld-I-Anspruchs: ____

→ Spätestmöglicher Gründungszeitpunkt (150 Tage vor Auslaufen des Arbeitslosengeld-I-Anspruchs): ____

Stichtage

→ Tag der Antragstellung (= Abholen der Anträge!): ____

→ Tag der Gründung: ____

→ Erste Auszahlung der Förderung (auch rückwirkend): ____

Workshops (parallel zum Schreiben des Businessplans)

→ Gründungs(zuschuss)-Webinar/-Seminar: ____

→ Businessplan-Workshop: ____

→ Gegebenenfalls weitere Fachseminare: ____

→ Ersten Wurf des Businessplans schreiben

→ Ersten Wurf von Text- und Zahlenteil geschrieben bis: ____

→ Feedbackgespräch dazu am: ____

Recherche und Überarbeitung (Runde 1)

→ Sich ergebende Rechercheaufgaben erledigen bis: ____

→ Ergebnisse in Businessplan einarbeiten bis: ____

→ Feedbackgespräch dazu am: ____

→ Puffer für weitere Recherche und Überarbeitung (Runde 2)

→ Sich ergebende Rechercheaufgaben erledigen bis: ____

→ Ergebnisse in Businessplan einarbeiten bis: ____

→ Feedbackgespräch dazu am: ____

Letzte Runde

→ Letzte Änderungen einarbeiten bis: ____

→ Abschließende Qualitätskontrolle bis: ____

→ Fachkundige Stelle

→ Abgabe des Businessplans bei fachkundiger Stelle bis: ____

→ Erstes Feedbackgespräch/-telefonat am: ____

→ Gegebenenfalls Änderungen einarbeiten bis: ____

→ Gegebenenfalls zweites Feedbackgespräch am: ____

Arbeitsagentur

→ Einreichen des Antrags bei der Agentur für Arbeit: ____

→ Bewilligung voraussichtlich bis: ____

Beim Ausfüllen des Zeitplans sind folgende Hinweise zu beachten: Die Dauer Ihres Arbeitslosengeldanspruchs entnehmen Sie dem Bewilligungsbescheid. Falls Sie bisher noch kein Arbeitslosengeld I erhalten haben, können Sie im Merkblatt 1 der Arbeitsagentur nachlesen, wie lange Ihr Anspruch darauf in Abhängigkeit von Ihrem Alter und der Zahl Ihrer Beitragsmonate in der Sozialversicherung voraussichtlich sein wird. Für die meisten Versicherten unter 50 Jahren beträgt die Anspruchsdauer zwölf Monate. Die Gründung muss mindestens 150 Tage vor Auslaufen des Arbeitslosengeld-I-Anspruchs erfolgen.

Der „Tag der Gründung" ist das Datum, das Sie in Ihrer Anmeldung gegenüber dem Gewerbeamt oder als Freiberufler gegenüber dem Finanzamt als Beginn Ihrer selbstständigen Tätigkeit angeben. Mit dem Beginn Ihrer (hauptberuflichen) Selbstständigkeit endet Ihr Arbeitslosengeldbezug I und beginnt (hoffentlich) die Auszahlung des Gründungszuschusses. Allerdings nur, wenn bis dahin Ihr Antrag bewilligt wurde. Falls sich der Beginn der Auszahlung verzögert, erhalten Sie nach der Bewilligung die ausstehenden Zahlungen für die Zeit seit Ihrer Gründung auf einen Schlag.

Parallel zum Schreiben des Businessplans können Sie ein Existenzgründungsseminar und einen Businessplan-Workshop besuchen oder individuelles Coaching durch einen erfahrenen Gründungsberater in Anspruch nehmen. Legen Sie schon vorab die Termine dafür fest. Warten Sie nicht mit dem Schreiben, bis diese Termine stattfinden, denn dabei können Sie bereits die Fragen klären, die sich beim Schreiben ergeben.

Wenn Sie den ersten Wurf Ihres Businessplans erstellt haben, geht es ans Recherchieren und Überarbeiten. Planen Sie dabei durchaus zwei Runden ein, sofern Sie nicht unter hohem Zeitdruck stehen. Diese zwei zusätzlichen Wochen sind gut investierte Zeit, denn Sie werden Ihren Businessplan in dieser Phase wahrscheinlich noch einmal ganz wesentlich verbessern können.

Nachdem Sie letzte Änderungen eingearbeitet und eine Qualitätskontrolle (Rechtschreibkorrektur, Formatierung, Korrekturlesen) durchgeführt haben, können Sie den Businessplan bei Ihrer fachkundigen Stelle abgeben und einen Termin für das Feedbackgespräch oder -telefonat vereinbaren.

Vergessen Sie bei Ihrer Zeitplanung nicht, dass der Plan schließlich noch durch die Agentur für Arbeit geprüft werden muss. Das kann wenige Tage, in Ausnahmefällen aber auch länger als einen Monat dauern, je nach Auslastung der Stellen. Während Sie auf alle anderen Faktoren Ihrer Zeitplanung einen gewissen Einfluss haben, können Sie die Bearbeitung durch die Arbeitsagentur nicht beschleunigen. Erkundigen Sie sich deshalb vorab, damit Sie eine realistische Wartezeit einplanen können.

Schreiben und schreiben lassen

Es kann sinnvoll sein, den Businessplan von Anfang an gemeinsam mit einem Unternehmensberater zu erarbeiten. Das kann eine Menge Zeit sparen und die Erfolgschancen der Gründung erheblich erhöhen. Die Zusammenarbeit mit einem Berater ist geradezu unverzichtbar, wenn Sie einen Kredit aufnehmen oder ein bestehendes Unternehmen übernehmen wollen.

Kritisch sehen wir demgegenüber „fertige" Businesspläne, wie sie etwa Vertriebsmitarbeitern von den sie anwerbenden Strukturvertrieben angeboten werden. Jeder Gründungsberater erkennt sofort, wenn ein Businessplan „von der Stange" kommt. Es fehlt jeder Bezug zu Ihren Ausgangsvoraussetzungen sowie zu Ihren persönlichen Stärken und Schwächen, auf denen die gesamte Planung aufbauen sollte. Denken Sie auch daran, dass der angemessene kalkulatorische Unternehmerlohn sich von Gründer zu Gründer erheblich unterscheiden kann.

Deshalb empfiehlt sich: Schreiben Sie Ihren Businessplan selbst oder begleitet von einem Gründercoaching. Häufig ist die Beratung sogar förderfähig, das heißt, Sie müssen nur einen Teil der Beratungskosten selbst tragen. Unter dem Strich zahlen Sie oft nur wenig mehr, als ohnehin für eine fachkundige Stellungnahme anfallen würde. Die Förderprogramme und ihre Konditionen ändern sich allerdings häufig und unterscheiden sich erheblich nach Region und Branche des Gründers. Informationen zur Förderfähigkeit in Ihrem speziellen Fall und Empfehlungen geeigneter Berater bieten wir im Rahmen unseres kostenlosen Rückrufservice unter www.jeder-ist-unternehmer.de/rueckruf.

Kapitel 6

Der Textteil: Diese Fragen muss Ihr Businessplan beantworten

Es ist so weit, Sie machen sich daran, den Textteil Ihres Businessplans auszuformulieren. Woraus er sich zusammensetzt, welchen Umfang die einzelnen Bestandteile haben und was bei der Ausarbeitung zu beachten ist, erfahren Sie in diesem Kapitel.

Aufbau des Textteils

Die folgenden Textabschnitte entsprechen in der Reihenfolge dem Ablauf des Textteils, in jedem finden Sie eine Reihe von Leitfragen, die Sie zunächst wie bei einem Fragebogen abarbeiten sollten. Die folgende Übersicht zeigt Ihnen, wie sich die Gesamtseitenzahl auf die einzelnen Themen verteilt.

Abschnitte des Textteils in der Übersicht

	von …	bis … Seiten
Deckblatt	1	1
Inhaltsverzeichnis	0,5	1
Executive Summary	1	2
Unternehmen und Produkte	1	2
Persönliche Eignung*	0,5	1
Zielgruppen	1	2
Markt	1	2
Wettbewerb	1	2
Kundennutzen und Positionierung	0,5	1
Vertrieb und Kommunikation	1	2
Abläufe und Organisation	0,5	1
Zukunftsperspektiven	0,5	1
Summe (ohne Deckblatt, Inhaltsverzeichnis, Executive Summary und Anhang)	7	14
Anhang/Anlagen		
* Bei Teamgründungen bis zwei Seiten		

Bei vielen Leitfragen genügt es, in wenigen prägnanten Sätzen zu antworten. Die Hauptsache ist, dass Sie hinter jeder Aussage stehen und Nachfragen dazu überzeugend beantworten können. Es reicht also zum Beispiel aus, wenn Sie schreiben: „Ich gründe in der Rechtsform des Einzelunternehmers." Sie brauchen nicht zu erklären, worum es sich dabei genau handelt oder gar, worin die Vor- und Nachteile gegenüber anderen Rechtsformen liegen, denn dies alles ist der fachkundigen Stelle bekannt. Bei kritischen Annahmen oder Behauptungen, die zu Rückfragen führen könnten, sollten Sie die entsprechenden Quellen anführen oder im Anhang aufnehmen, um Ihre Aussagen zu beweisen. Vertrauen Sie beim Schreiben auf Ihren gesunden Menschenverstand und versuchen Sie, auf alle Fragen Ihre eigene Antwort zu finden. Die vorgeschlagenen Satzanfänge, Tipps und Beispiele sollen Sie dabei unterstützen.

Das Deckblatt

Schon mit dem Deckblatt beantworten Sie erste wichtige Fragen:

→ Worum geht es genau? – „Konzept zur Eröffnung von …"
→ Beantragen Sie Förderung wie Gründungszuschuss, Einstiegsgeld oder Beratungsförderung? – „Antrag auf …"
→ Beantragen Sie einen Kredit? Wenn ja, in welcher Höhe?– „Antrag auf KfW-Startgeld in Höhe von 50.000 Euro"
→ Wer hat den Businessplan verfasst? – Vorname, Name, akademischer Titel beziehungsweise Berufsbezeichnung
→ Wie sind Sie bei Rückfragen oder für die Vereinbarung eines Gesprächs-termins am besten zu erreichen? – Adresse, Telefonnummern und E-Mail, gegebenenfalls auch Faxnummer und Website
→ Zu welchem Zeitpunkt gründen Sie? – Zeitpunkt der geplanten Gewerbe-anmeldung beziehungsweise steuerlichen Anmeldung
→ Zu welchem Zeitpunkt wurde der Businessplan fertiggestellt? – „Stand: …"

Tipp

EINE GUTE ÜBERSCHRIFT WÄHLEN

Finden Sie bei dieser Frage den Mittelweg zwischen zu allgemein und zu speziell. Wenn Sie eine Bäckerei eröffnen, reicht zwar im Prinzip „Konzept zur Eröffnung einer Bäckerei". Aber Sie können den Titel aussagekräftiger machen, indem Sie zum Beispiel den im Bereich von Einzelhandel und Gastronomie sehr wichtigen Standort angeben, zum Beispiel „in der Berliner Straße 77" oder „im Einkaufszentrum Forum Steglitz". Ebenso können Sie Ihren Produktschwerpunkt, Ihr Alleinstellungsmerkmal oder Ihre Zielgruppe einbeziehen: „mit großem Zeitschriftensortiment", „mit kombinierter Lottoannahmestelle", „mit Zielgruppe Angestellte aus umliegenden Büros" etc.

Bei einer Dienstleistung besteht das Problem oft darin, den ganz besonderen Ansatz in wenigen Worten wiederzugeben. Auf jeden Fall sollte bereits das Deckblatt zeigen, welches Geschäftsmodell Sie wählen, zum Beispiel durch Formulierungen wie: „Veranstaltung offener X-Workshops für Y-Zielgruppe" oder „Tätigkeit als Trainer für X in Firmen mit Schwerpunkt auf Y-Branche".

→ Für wen ist der Businessplan bestimmt beziehungsweise wer hat den Businessplan geprüft? – Name der fachkundigen Stelle sowie des zuständigen Beraters, gegebenenfalls mit den entsprechenden Kontaktdaten

→ Bei welcher Institution wird der Businessplan eingereicht? – Name und Sitz der Arbeitsagentur, Kundennummer, der zuständige Sachbearbeiter, gegebenenfalls mit Kontaktdaten

Inhaltsverzeichnis

Wenn Sie die Gliederungsfunktion in Ihrem Textverarbeitungsprogramm verwenden, können Sie nicht nur sehr schnell die Reihenfolge von Abschnitten in Ihrem Text verändern, sondern auch in wenigen Sekunden ein Inhaltsverzeichnis generieren. Erstellen Sie dieses erst unmittelbar vor dem Ausdrucken, da sich durch letzte Korrekturen noch Seitenzahlen ändern können. Prüfen Sie immer nach, ob die Seitenzahlen jeweils korrekt ausgewiesen sind.

Ein Inhaltsverzeichnis ist im Businessplan zwar nicht zwingend erforderlich, es ermöglicht aber den Prüfern, sich einen schnellen Überblick zu verschaffen. Darüber hinaus erleichtert ein solches Verzeichnis dem Leser, die Vollständigkeit des Businessplans sowie die richtige Gewichtung der einzelnen Abschnitte untereinander zu bewerten.

Executive Summary

Wenn Sie einen Bankkredit beantragen, ist ein „Executive Summary" Pflicht, bei selbst finanzierten Gründungen hingegen nicht. Trotzdem können Sie mit einer solchen kurzen Zusammenfassung Ihren Businessplan leichter lesbar machen und damit Sympathiepunkte bei den Prüfern sammeln.

„Executive" steht im Englischen für Geschäftsführer, Direktor oder leitender Angestellter, „Summary" für Zusammenfassung. Es handelt sich also um eine Kurzfassung für Leser mit wenig Zeit, die anhand dieser Version entscheiden, ob sie den Plan als Ganzes anschauen werden. Insofern ähnelt das Executive Summary dem Elevator Pitch: In wenigen Sätzen müssen Sie die wichtigsten Fakten zu Ihrer Geschäftsidee vermitteln und den Leser neugierig darauf machen, den Businessplan komplett zu lesen.

Das Executive Summary gehört immer an den Anfang des Businessplans, wird aber erst am Schluss geschrieben. Dabei fassen Sie jeden der im Folgenden beschriebenen Abschnitte in ein bis zwei Sätzen zusammen, auch einige der Angaben aus dem Zahlenteil fließen mit ein.

LEITFRAGEN

Konzentrieren Sie sich dabei auf die Beantwortung der folgenden Fragen:

→ In welcher Branche möchten Sie mit welchem Produkt beziehungsweise mit welcher Dienstleistung tätig werden?

→ Über welche besonderen Kompetenzen verfügen Sie beziehungsweise das Gründerteam hierbei?

→ Welche sind Ihre wichtigsten Zielgruppen?

→ Wie stellt sich die Marktsituation dar und welche Potenziale bietet der adressierte Zielmarkt?

→ Welche Stärken und Schwächen weisen Ihre relevanten Wettbewerber auf?

→ Wie heben Sie sich von der Konkurrenz ab? Welchen besonderen Nutzen stiftet Ihr Produkt beziehungsweise Ihre Dienstleistung für die Zielkunden? Was ist Ihr Alleinstellungsmerkmal?

→ Welche sind die wichtigsten Vertriebskanäle? Wie sprechen Sie Ihre Zielgruppen an? Wie schaffen Sie den Markteintritt?

→ Wie ist Ihr Unternehmen strukturiert?

→ Welche Chancen und Risiken bestehen? Wie sieht Ihr Realisierungsfahrplan aus?

→ Wie hoch sind die zu tätigenden Investitionen? Wie hoch schätzen Sie Umsatz, Kosten und Gewinn in den ersten Jahren ein?

Anstelle eines Summary können Sie dem Businessplan in einfachen Fällen auch eine Tabelle mit den wichtigsten Informationen zu Ihrem Geschäftsvorhaben voranstellen. Von Bedeutung sind insbesondere:

→ Tag der Antragstellung

→ Anspruchsgrundlage (zum Beispiel Arbeitslosengeld-I-Anspruch bis [Datum einfügen], wöchentlich: [Summe einfügen] Euro)

- → Gründungsdatum
- → Rechtsform (bei Teamgründung Name und Beteiligungshöhe der Mitgründer)
- → Adresse des Büros oder Ladens, falls sie von der eigenen abweicht
- → Summe Investitionen
- → Summe der Betriebsmittel und der fixen Kosten (monatlicher Durchschnitt im ersten Jahr)
- → Kalkulatorischer Unternehmerlohn
- → Summe Finanzierungsbedarf

Unternehmen und Produkte

Als Erstes möchte der Leser Ihres Businessplans erfahren, was genau Ihre Geschäftsidee ist und welche Produkte beziehungsweise Dienstleistungen Sie anbieten wollen.

Für viele Gründer ist das die wichtigste Frage, und sie beantworten sie gerne und sehr ausführlich – oft viel zu ausführlich. Sie beschreiben die ganze denkbare Angebotspalette inklusive zahlreicher technischer Details. Dies alles kann der Prüfer jedoch oft gar nicht nachvollziehen und ausreichend würdigen. Bevor Sie sich in Details verlieren, sollten Sie deshalb erst einmal die Grundkomponenten Ihres Geschäftsmodells erklären:

- → Was verkaufen Sie? – Stunden, Tage, Zeilen, Seiten, Kilometer usw.
- → Zu welchem durchschnittlichen Preis?

Wenn Sie mehrere ganz unterschiedliche Leistungen erbringen, sollten Sie sich fragen, mit welcher Sie den größten Teil des Umsatzes erzielen wollen. Wenn es Ihnen schwerfällt, sich auf eine Mengen- und Preisgröße festzulegen, ist dies fast immer ein Zeichen dafür, dass Ihr Geschäftsmodell noch nicht ausreichend fokussiert ist. Überdenken Sie Ihr Businessmodell in diese Richtung noch einmal. Natürlich können Sie Ihre Dienstleistung oder Ihr Produkt näher erläutern – verzichten Sie aber auf technische Fachbegriffe und machen Sie es Ihren

Lesern so einfach wie möglich, Ihnen zu folgen. Setzen Sie bei der Erklärung Ihrer Leistungen immer beim Kundennutzen an. Eine ganze Reihe konkreter Tipps hierzu finden Sie im Zusammenhang mit dem Elevator Pitch in Kapitel 4.

Bei der Frage nach den Preisen brauchen Sie keine vollständige Preisliste einzutragen. Falls Sie bereits über eine verfügen, ist sie im Anhang gut aufgehoben. Wichtiger sind ohnehin Ihre Überlegungen dazu, welchen Preis oder Satz Sie durchschnittlich für Ihr Produkt oder Ihre Dienstleistung einplanen. Machen Sie dem Leser Ihre Annahmen hierzu plausibel, indem Sie Ihre Vorgehensweise bei der Recherche erläutern. Hieraus und aus den verwendeten Quellen zieht der Prüfer Schlussfolgerungen auf die Realisierbarkeit Ihrer Preisvorstellungen.

●●

LEITFRAGEN

→ Was ist der Unternehmensgegenstand? In welcher Branche sind Sie tätig? – „Der Gegenstand meines Unternehmens ist ...“

→ Was verkaufen Sie: Stück, Stunden, Tage, Zeilen, Seiten, Kilometer usw.?

→ Wann wird das Unternehmen gegründet?

→ Welche Rechtsform wählen Sie? – „... wird als Einzelunternehmen geführt“, „... wird als GmbH geführt, Gesellschafter sind ..., Geschäftsführer ist ...“

→ Wo ist der Standort Ihres Unternehmens? Warum wurde dieser ausgewählt? – „Das Unternehmen wird in [Ort] in der [Straßenname] geführt. Ausschlaggebend für diese Entscheidung waren folgende Aspekte: ...“

→ Welche Dienstleistungen/Produkte bieten Sie an? – „Die Leistungen umfassen im Einzelnen ...“

→ Zu welchem Preis beziehungsweise Honorar werden die Produkte/ Dienstleistungen angeboten? – „Meine Leistung X werde ich zu einem Stundensatz von ... Euro anbieten. Nach Abzug von Rabatten rechne ich mit einem durchschnittlichen Stundensatz von ... Dies erscheint aus folgenden Gründen realistisch: ...“

●●

Wenn Sie ein Einzelhandelsgeschäft oder einen Gastronomiebetrieb eröffnen, spielt der Standort eine entscheidende Rolle für Ihren Erfolg. Gehen Sie dann entsprechend ausführlich darauf ein.

Persönliche Eignung

Ob Sie Ihren Businessplan realisieren können, hängt ganz entscheidend von Ihrer Person ab. Verfügen Sie über eine Ausbildung und über Berufserfahrung in Ihrer Branche, oder machen Sie diese Erfahrung durch Begeisterung für Ihre künftige Tätigkeit wett?

In einer ganzen Reihe von Branchen können Sie sich nur dann selbstständig machen, wenn Sie Ihr Fachwissen durch bestimmte Prüfungen (Meisterprüfung, Staatsexamen usw.) nachgewiesen haben oder andere persönliche Voraussetzungen erfüllen. Daneben gibt es auch von Ihrer Person unabhängige Genehmigungen und Zulassungsvoraussetzungen, die zu beachten sind. Über die fachlichen Voraussetzungen hinaus benötigen Sie kaufmännisches und organisatorisches Know-how ebenso wie unternehmerische und verkäuferische Fähigkeiten.

Sie müssen den Gründungsberater und die Arbeitsagentur überzeugen, dass Sie über alle nötigen Fähigkeiten sowie den Willen verfügen, sich mit Erfolg selbstständig zu machen. Dazu können Sie einerseits diesen Textabschnitt nutzen, andererseits den Lebenslauf im Anhang.

Konzentrieren Sie sich an dieser Stelle auf diejenigen Erfahrungen, die Sie für die Selbstständigkeit qualifizieren. Denken Sie dabei auch an ehrenamtliche Tätigkeiten, Hobbys usw. Im Idealfall führen alle beschriebenen Erfahrungen zielgerichtet auf die Gründungsentscheidung hin.

Wenn Sie sich für die Selbstständigkeit entschieden haben, gibt es sicher eine Vielzahl von Gründen für die Auswahl Ihrer speziellen Tätigkeit. Führen Sie diese auf, auch wenn es sich nicht um formelle Qualifikationen oder Berufserfahrungen als Angestellter handelt. Einige Beispiele:

→ Bei Ihrer Entscheidung, eine Lottoannahmestelle zu eröffnen, spielt sicher eine Rolle, dass Sie selbst seit einigen Jahren regelmäßig Lotto spielen und bereits einige Gewinne verbuchen konnten.

→ Sie machen sich mit Hausmeister- und Gärtnertätigkeiten selbstständig. Zu Ihrer Entscheidung hat auch beigetragen, dass Ihnen Ihr Arzt mehr frische Luft empfohlen hat und Sie schon immer gerne im eigenen Haus und Garten gewerkelt haben.

→ Sie haben zwar niemals im kaufmännischen Bereich oder Vertrieb gearbeitet, waren aber in einem Verein ehrenamtlich für das Einziehen der Mitgliedsbeiträge zuständig. Zudem hat Ihnen Ihre Bank viele Prämien gezahlt, weil Sie häufig Neukunden geworben haben.

Falls Sie Ihre Qualifikation auf einem bestimmten Gebiet nicht für ausreichend halten, sollten Sie das offen einräumen und Maßnahmen aufführen, mit denen Sie diese Lücken schließen können. Zum Beispiel eine längere Einarbeitung (etwa bei einer Handelsvertretung), die Teilnahme an Seminaren, die Zusammenarbeit mit einem freien Mitarbeiter auf diesem Gebiet (zum Beispiel Unterstützung durch einen Buchhaltungsservice).

Als Gründerteam macht sich nur ein relativ kleiner Prozentsatz der geförderten Gründer selbstständig. In diesem Fall beschreiben Sie und Ihre Kollegen in diesem Abschnitt die Aufgabenteilung im Team und die persönliche Eignung aller Teammitglieder. Außerdem nehmen Sie die Lebensläufe und gegebenenfalls Zeugnisse aller Gründer in den Anhang zum Businessplan auf.

Jedes Teammitglied kann für sich Förderung beantragen. Wer mit weniger als 50 Prozent beteiligt ist, muss jedoch mit einer Ablehnung rechnen, sofern im Vertrag keine Sperrminorität vereinbart ist (vergleiche www.jeder-ist-unternehmer.de/faq). Die fachkundige Stelle muss den Businessplan nur einmal prüfen, aber für jeden Antragsteller eine eigene Stellungnahme ausfüllen.

LEITFRAGEN

→ Was sind Ihr Jahrgang, Ihre familiäre Situation und Ihr Wohnort – sofern für das Gründungsvorhaben relevant?

→ Welche fachlichen und branchenspezifischen Qualifikationen bringen Sie mit?

→ Warum sind Sie in kaufmännischer und unternehmerischer Hinsicht geeignet, Ihre Geschäftsidee zu realisieren?

→ Wo haben Sie diese Fähigkeiten jeweils erworben?

→ Bei Teamgründungen: Über welche Qualifikationen verfügen die einzelnen Gesellschafter?

→ Wie verteilen Sie auf dieser Grundlage die Zuständigkeiten in Ihrem Unternehmen?

→ Was ist Ihre Motivation für die Selbstständigkeit?

→ Welche Defizite können Sie bei sich erkennen, und wie werden Sie damit umgehen?

→ Bestehen Zulassungsvoraussetzungen für die selbstständige Tätigkeit, brauchen Sie zum Beispiel eine Konzession oder einen Eintrag in die Handwerksrolle? Haben Sie diese Angelegenheiten erledigt? – Beispiel: „Für diese Tätigkeit bestehen keine Zulassungsvoraussetzungen. Ich verfüge jedoch über ..." Oder: „Für diese Tätigkeit ist eine Erlaubnis nach § 34 Gewerbeordnung nötig. Über diese verfüge ich seit dem 01.07.2009. Nachweis: Anlage."

Ihre Zielgruppen

Die Bedeutung der Zielgruppen-Auswahl wird von vielen Gründern völlig unterschätzt. Sie möchten so viele Kunden wie möglich erreichen. „Zielgruppe sind alle, die sich angesprochen fühlen", schrieb eine Gründerin in ihrem Businessplan. Tatsächlich ist es umgekehrt: Zur Zielgruppe gehören diejenigen, die Sie ansprechen wollen.

Denken Sie daran: Jeder Kontakt kostet Zeit und Geld. Deshalb sollten Sie sich klar darüber sein, wer zu Ihrer Zielgruppe oder Ihren Teilzielgruppen gehört und wie Sie diese ganz gezielt erreichen können. Ansonsten verschwenden Sie den Aufwand für Kontakte, die Ihre Leistung nicht oder nur mit sehr geringer Wahrscheinlichkeit kaufen werden.

Zudem können Sie Ihre Produkte und Dienstleistungen auf Ihre Zielgruppen hin optimieren. Denn durch die Spezialisierung auf deren ganz spezifische Bedürfnisse werden Sie es schaffen, dass Ihre Leistung für diese Menschen besonders attraktiv und nützlich ist.

Voraussetzung dabei ist immer, dass sich die Bedürfnisse der gewählten Zielgruppen hinreichend stark von denen „angrenzender" Zielgruppen unterscheiden. Außerdem müssen sie ausreichend groß sein, damit Sie sich bei einem mittelfristig realistischerweise zu erreichenden Marktanteil die nötigen Umsatzzahlen sichern können. Das hängt natürlich auch davon ab, wie viele Wettbewerber sich bereits um diese Menschen bemühen. Vielleicht entdecken Sie ja eine vernachlässigte Zielgruppe inmitten einer hart umkämpften Branche.

Entscheidend ist das genaue Verständnis der Bedürfnisse Ihrer potenziellen Kunden. Dafür ist es sehr hilfreich, wenn Sie selbst dieser Zielgruppe entstammen oder intensiv mit deren Mitgliedern kommunizieren. Die Bedürfnisse variieren oft sehr viel stärker, als dies von außen wahrgenommen wird. Große Wettbewerber übersehen oft, wenn sich neue Zielgruppen mit speziellen Bedürfnissen herausbilden. Das ist Ihre Chance als Gründer!

Beziehen Sie bei Ihren Überlegungen auch mit ein, dass große und kleine Unternehmen derselben Branche häufig vor ganz unterschiedlichen Herausforderungen stehen. Ebenfalls zu berücksichtigen: Frauen haben in vielen Bereichen andere Bedürfnisse als Männer (deshalb gibt es eine wachsende Zahl geschlechtsspezifischer Dienstleistungsangebote), Familien andere als Singles, ausländische Touristen andere als Ausländer, die schon seit längerer Zeit in Deutschland leben, usw.

Der Einzugsbereich, den Sie abdecken, hängt vorrangig damit zusammen, ob die Kunden zu Ihnen kommen müssen, um Ihre Leistung in Anspruch zu nehmen oder bei Ihnen einzukaufen, und welche Strecke sie dabei in Kauf nehmen würden. Und auch Ihr eigener Einsatzradius ist in der Regel aus Kosten- und Zeitgründen beschränkt, wenn der Kunde weiter entfernt lebt, außer die Fahrtkosten spielen relativ zum Wert Ihres Angebots nur eine geringe Rolle oder Ihre Leistung lässt sich – was häufiger vorkommt – per Telefon oder Internet erbringen. In solchen Fällen können Sie Ihre Zielgruppe geografisch sehr viel breiter definieren.

LEITFRAGEN

→ Wie weit ist Ihr regionaler Aktionsradius? – „Das Unternehmen fokussiert sich auf Kunden im Großraum XY."

→ Sprechen Sie Unternehmen, Verbraucher oder beide an?

→ Anhand welcher Kriterien lässt sich Ihre Kundschaft weiter unterteilen? Wie können Sie diese Segmente voneinander abgrenzen? Können Sie sie jeweils griffig benennen?

→ Bei Unternehmen: Um welche Branchen handelt es sich in den jeweiligen Segmenten? Um welche Unternehmensgröße (gemessen an Umsatz, Mitarbeiterzahl)? Gibt es weitere besondere Merkmale? Welcher Ansprechpartner innerhalb des Unternehmens entscheidet (Geschäftsführer, technischer Leiter, Marketingleiter …)?

→ Bei Verbrauchern: Welche soziodemografischen Merkmale kennzeichnen Ihre Zielgruppensegmente? (Handelt es sich um junge Familien? Um Alleinstehende? Um Angestellte mit einem Bruttogehalt von mehr als 5.000 Euro?) Durch welche Merkmale sind sie noch gekennzeichnet? (Besonders preissensitiv? Sehr technikinteressiert?)

→ Was sind die Bedürfnisse dieser einzelnen Kundensegmente?

→ Welche Zielgruppen sind Ihnen am wichtigsten und warum?

Der Markt

Nur wenn der Markt groß genug ist und Sie sich gegenüber Ihren Wettbewerbern durchsetzen können, werden Sie erfolgreich sein. Die Auseinandersetzung mit der Markt- und Wettbewerbssituation ist deshalb besonders wichtig.

Zunächst einmal müssen Sie den Markt oder die Branche benennen, in der Sie tätig sind. Doch was, wenn Ihre Dienstleistung so neuartig ist, dass noch gar kein Markt existiert, oder so einmalig, dass es keine Wettbewerber gibt? Dann haben Sie wahrscheinlich übersehen, dass die Bedürfnisse, die Sie mit Ihrer Lösung befriedigen wollen, schon jetzt von bestehenden Unternehmen auf andere Weise erfüllt werden.

LEITFRAGEN

→ Um welche Branche (welchen Markt) handelt es sich? Wie lässt sich Ihr Markt so genau wie möglich eingrenzen?

→ Durch welche Strukturen und durch welche Mechanismen ist der Markt gekennzeichnet?

→ Welche Faktoren beeinflussen die Entwicklung des Markts? Vor welchen Herausforderungen steht die gesamte Branche? Welche Trends sind absehbar?

→ Wie groß ist Ihr Markt?

→ Wie hat sich der für Sie relevante Markt in der Vergangenheit entwickelt? Welche zukünftige Entwicklung ist absehbar?

→ Welchen Marktanteil streben Sie an? Ist das realistisch?

Gehen Sie an Ihre Marktdefinition mit einem entsprechend weiten Blickwinkel heran: Auch wenn vielleicht keines der bestehenden Unternehmen in Ihrer Branche Ihre neuartige Herangehensweise kennt oder über Ihre neue Technologie verfügt, können diese doch auf etablierte Beziehungen zu den Kunden zurückgreifen, die Sie gewinnen wollen. Und damit kommen Sie nicht drum herum, sie sehr wohl als Ihre Konkurrenten zu sehen.

Betrachten Sie Ihren Markt aus verschiedenen Perspektiven, Sie werden schnell merken, dass jeweils ganz unterschiedliche Informationen von Bedeutung sind. Wenn Sie zum Beispiel einen Online-Shop für Kalender eröffnen, können Sie Informationen über den Einzelhandel insgesamt, über die Entwicklung des Online-Handels sowie spezielle Marktzahlen für Kalender und ähnliche Druckerzeugnisse sammeln und auswerten.

Die Entwicklungstendenzen in den einzelnen Bereichen geben insgesamt einen guten Überblick über die Einflussfaktoren, von denen die weitere Entwicklung innerhalb Ihres ganz speziellen Marktsegments abhängt.

Der Wettbewerb

Auch bei der Analyse der Wettbewerber sind unterschiedliche Ebenen zu betrachten. Es gibt große und kleine, spezialisierte und breit aufgestellte Wettbewerber. Einige haben lediglich Vorbildcharakter für Sie, andere stellen unmittelbare Konkurrenten dar. Häufig ist eine Einteilung in strategische Gruppen der Wettbewerber sinnvoll, die sich zwar in einigen Aspekten ähneln, aber oftmals doch aufgrund ihrer Marketing- und Vertriebsstrategie oder durch andere Einzelmerkmale Unterschiede aufweisen.

Eine Lottoannahmestelle zum Beispiel sieht sich primär im Wettbewerb mit anderen Lottoannahmestellen, wobei jede ihren regionalen Einzugsbereich hat. In die Wettbewerbsbetrachtung geht zudem die strategische Gruppe der Online-Lottoannahmestellen ein. Diese erfüllt eher die Bedürfnisse einer technikaffinen, jungen Zielgruppe, deren Anteil an allen Lottospielern schnell wächst. Die kleinere strategische Gruppe von Online-Lottoannahmestellen wird deshalb wahrscheinlich einen ganz erheblichen Anteil des Marktes für sich erobern, eventuell verkleinert sich dadurch der Markt für den stationären Lottovertrieb. Andererseits kann sich der Markt aufgrund regulatorischer Eingriffe (Verbot von Online-Lotterievertrieb) plötzlich auch in eine andere Richtung wenden. Analysieren Sie die Aussichten der einzelnen Teilmärkte getrennt und betrachten Sie dann einzelne Wettbewerber aus jeder Gruppe mit Blick auf die folgenden Fragen.

LEITFRAGEN

➜ Welche Marketing- und Vertriebsinstrumente nutzen Ihre Wettbewerber?

➜ Wie hoch ist deren Werbebudget (zum Beispiel Anzahl der Anzeigenschaltungen × Preis)?

➜ Wie viele Kontakte werden von Ihren Wettbewerbern erreicht und wie viele Neukunden gewonnen?

➜ Welchen Preis können die Wettbewerber vermutlich für Ihr Produkt oder Ihre Dienstleistung im Schnitt durchsetzen?

Eine ganze Reihe dieser Fragen werden Sie lediglich nach etwas ausführlicherer Recherche zufriedenstellend beantworten können. Denken Sie aber bei jedem Gespräch und bei allen Rechercheaktivitäten daran, dass sich wichtige Informationen in vielen Fällen aus beiläufigen Bemerkungen oder einer stolzen Erfolgsmeldung auf der Website des Wettbewerbers herausfiltern lassen.

Sobald Sie gezielt Informationen in ausreichender Menge zur Beantwortung der Fragen gesammelt haben, können Sie vielfältige Schlüsse ziehen. Von dem Gesamtmarktvolumen (ganz Deutschland) können Sie zum Beispiel auf die Größe Ihres regionalen Marktes schließen, indem Sie die Bevölkerungszahl in Ihrem Einzugsgebiet ins Verhältnis zur Gesamtbevölkerung setzen. Auf diese Art und Weise können Sie auch Ihren (regionalen) Marktanteil errechnen und die Annahme auf Plausibilität prüfen.

LEITFRAGEN

➜ Wie viele Anbieter gibt es derzeit insgesamt?

➜ Nach welchen Kriterien lassen sich die Wettbewerber in Gruppen einteilen? Welche Merkmale kennzeichnen diese?

➜ Welche sind die wichtigsten Wettbewerber? Welche zählen zu den direkten Wettbewerbern und welche haben Vorbildcharakter?

- → Welche Preise können die Wettbewerber im Markt erzielen? Woraus ergeben sich Preisdifferenzen zwischen den Wettbewerbern?
- → Wie positionieren sich Ihre Wettbewerber? Welche Strategie verfolgen sie? Welche Marketing- und Vertriebsinstrumente nutzen sie?
- → Wie profitabel sind die Wettbewerber? Wie hoch ist deren Auslastung? Was können Ihre Konkurrenten besonders gut? Was sind ihre Schwächen?
- → Ist mit einer Reaktion der Wettbewerber auf Ihren Markteintritt zu rechnen? Wenn ja, mit welchen?

Kundennutzen und Positionierung

In diesem Abschnitt Ihres Businessplans beschreiben Sie Ihr Alleinstellungsmerkmal beziehungsweise Ihre Unique Selling Proposition (USP, „einzigartiges Verkaufsversprechen"). Obwohl fast jeder Unternehmer weiß, dass er eine USP braucht, kann kaum einer sagen, was darunter zu verstehen ist und worin sie im konkreten Fall besteht.

Denken Sie an Ihr Nutzenversprechen (Value Proposition), von dem schon zuvor die Rede war. Darin fassen Sie den Kernnutzen Ihrer Leistung zusammen, für die der Kunde letztlich bereit ist, den von Ihnen veranschlagten Preis zu zahlen. Bedenken Sie aber, dass Versprechen nur dann wirken können, wenn sie in der Wahrnehmung des Kunden zu Kosten- und Zeiteinsparungen oder zu einem höheren Nutzen (in Bezug auf Qualität, Auswahl, Geschwindigkeit, Spaß) führen. Und: Ihr Nutzenversprechen muss auch realisierbar sein.

BEISPIEL
Den Wettbewerbsvorteil finden
Beispiel 1: Gerade wo sich Kundenbeschwerden häufen, besteht die Chance, durch Erfüllung der grundlegenden Kundenbedürfnisse eine Alleinstellung oder doch zumindest einen kommunizierbaren Wettbewerbsvorteil zu erzielen. Wenn bei Wettbewerbern zum Verdruss der Kunden Warte- und Bearbeitungszeiten von mehreren Wochen üblich sind, Sie dieselbe Dienstleistung aber innerhalb weniger Tage erbringen können – vor allem in der Gründungsphase, in der Sie

noch nicht voll ausgelastet sind –, ist dies ein klares Alleinstellungsmerkmal, das sich sehr viel einfacher kommunizieren lässt als eine vermeintlich höhere Qualität bei der Durchführung.

Beispiel 2: Wenn Ihre Wettbewerber nicht, wie vom Kunden gewünscht, einen verlässlichen Festpreis anbieten oder den vereinbarten Festpreis über nachträglich notwendige Änderungen aushebeln, ist Raum für einen neuen Wettbewerber vorhanden, der durch eine stärker standardisierte Vorgehensweise einen Festpreis zusagen und einhalten kann.

Beispiel 3: Wenn Sie einen Zeitschriftenladen in einem Einkaufszentrum oder in einem Stadtviertel eröffnen, wo es bisher keinen gegeben hat oder der einzig vorhandene schließen musste, dann stellt auch dies ein Alleinstellungsmerkmal dar.

• •

Da es manchmal scheint, als seien Leistungen und Produkte austauschbar und kaum voneinander zu unterscheiden, hat sich die Überzeugung festgesetzt, jeder Unternehmer müsse eine ganz eigene, ausgefallene Geschäftsidee hervorbringen und umsetzen. Lassen Sie sich nicht von der zwanghaften Suche nach künstlichen Unterscheidungsmerkmalen anstecken. Konzentrieren Sie sich besser voll und ganz darauf, Ihr eigentliches Kernversprechen gegenüber den Kunden zu erfüllen.

• •

LEITFRAGEN

➜ Worin besteht der Kernnutzen für Ihre Kunden, für den diese zu zahlen bereit sind (Value Proposition)?

➜ Welche Bestandteile enthält das branchenübliche Angebot, die viele Kunden gar nicht benötigen?

➜ Welche Aspekte der Leistung sind für Ihre Kunden die wichtigsten Entscheidungskriterien?

➜ Welche sind die häufigsten Beschwerdegründe in Ihrer Branche? Können Sie eines dieser Probleme lösen und dadurch eine Alleinstellung erreichen?

➜ Auf welche Weise unterscheidet sich Ihr Angebot von dem der Wettbewerber? – Zum Beispiel in Hinblick auf Leistungsumfang, Kosten und Qualität (Auswahl, Geschwindigkeit ...)?

→ Welche besonderen Qualitäten (zum Beispiel Freundlichkeit, Zuverlässigkeit, Schnelligkeit) zeichnen Sie als Person aus?

→ Welches Bild von Ihrem Unternehmen wollen Sie bei Ihrer Zielgruppe verankern? Welches Alleinstellungsmerkmal wollen Sie in Ihrer Kommunikation besonders hervorheben? – „Mein Unternehmen steht für ...“

Bringen Sie in Erfahrung, welche Kundenbedürfnisse in Ihrer Zielgruppe bisher nicht befriedigend erfüllt wurden. Einer der besten Wege hierzu ist die Durchführung einer Kundenbefragung, wie sie bereits dargestellt wurde. Denken Sie auch daran, dass Sie als Einzelunternehmer Ihre Dienstleistung in aller Regel persönlich erbringen – schon allein dadurch erreichen Sie eine gewisse Einzigartigkeit: Denn Sie verfügen über eine besondere Kombination aus Wissen, Erfahrung, Kontakten und Auftreten, die Ihre Tätigkeit wesentlich beeinflusst. Auch die Stärken, die Sie als Person besitzen, stellen potenzielle Alleinstellungsmerkmale dar.

Vertrieb und Kommunikation

Neben der Markt- und Wettbewerbssituation ist eine überzeugende Akquise- und Markteintrittsstrategie der wichtigste Inhalt Ihres Unternehmenskonzepts. Die Akquisestrategie bildet die Grundlage für die Umsatzplanung und bestimmt einen großen Teil Ihrer Kosten. Sie haben bereits viele Vorüberlegungen zu diesen Themenbereichen angestellt und vielleicht einige der hier beschriebenen Marketing- und Vertriebsideen zu diesem Zeitpunkt schon einem Realitätstest unterzogen.

In Ihren Businessplan geben Sie zunächst einen Überblick über die wichtigsten von Ihnen geplanten Marketing- und Vertriebsmaßnahmen und erklären, wie diese aufeinander aufbauen. Verzichten Sie darauf, alle denkbaren Instrumente aufzuführen, konzentrieren Sie sich vielmehr auf den aussichtsreichsten Akquiseansatz.

Beispiel für einen Marketingplan

	März	April	Mai	...
Anzahl/Kosten				
Flyer	1.500	1.500		...
Mailing		200	500	...
Pressemitteilung	1		1	...
Messestand			1 Tag	...
...				...
Kosten	300 €	700 €	1.200 €	...
Neukunden geplant	20	30	65	...

Wenn Sie nicht ganz sicher sind, welcher Ansatz letztendlich zum Erfolg führen wird, sollten Sie dennoch einen herausgreifen. Die Alternativen zu Ihren Vorschlägen können Sie anschließend in knapper Form angeben, um darauf hinzuweisen, dass Sie sich darüber auch Gedanken gemacht haben.

Sinnvoll ist es, diese Maßnahmen schon zeitlich zu planen und einzelnen Monaten zuzuordnen. Dadurch entsteht ein detaillierter Marketingplan, den Sie in den Anhang Ihres Businessplans aufnehmen können. Kalkulieren Sie hier auch die Kosten der Maßnahmen, und fügen Sie eine Schätzung der Neukundenzahl ein. Diesen Wert können Sie anhand der Anzahl von Kontakten und der Umwandlungsraten ermitteln.

LEITFRAGEN

→ Welche Vertriebskanäle nutzen Sie? Welche Zielgruppen sind durch welche Vertriebskanäle erreichbar?

→ Vertreiben Sie direkt oder indirekt? Wie wollen Sie Mittler oder Zwischenhändler von Ihrem Angebot überzeugen?

→ Wie präsentiert sich Ihr Unternehmen nach außen? Welches Marketingmaterial setzen Sie ein? Welche Inhalte haben Sie vorbereitet? Verfügen Sie über ein Logo, eine Website, eine Referenzenliste?

→ Wie wollen Sie potenzielle Kunden auf Ihr Angebot aufmerksam machen? Welche Werbemaßnahmen planen Sie? – Verzeichniseinträge, Besuch relevanter Messen, Vorträge, Organisation eigener Veranstaltungen usw.

→ Wie treten Sie mit Kunden und/oder Weiterverkäufern in persönlichen Kontakt? – Serienbriefe, E-Mails, Anrufaktion usw. Wie beschaffen Sie die nötigen Kontaktdaten?

- → Zu welchen potenziellen Kunden oder Kooperationspartnern besteht bereits näherer Kontakt? Welcher Art ist dieser? – „Vorgespräch mit X geführt. Hat Erteilung von Auftrag über x Tage in Aussicht gestellt. Wahrscheinlichkeit 80 Prozent."
- → Welche besonderen Aktionen zum Markteintritt sind geplant? – „Eröffnungsfeier am ... geplant, eingeladen werden sollen ..., insgesamt ca. ... Teilnehmer"
- → Wie sieht der Zeitplan aus und welche sind die wichtigsten Meilensteine auf dem Weg zum Ziel? – „Bis August baue ich drei Referenzkunden auf. Im September führe ich dann eine Mailing- und Telefonaktion mit folgendem Ziel durch: ..."

Die letzten drei Fragen beschäftigen sich mit dem Markteintritt. Die Herausforderung besteht darin, in kurzer Zeit eine kritische Masse an Kunden und Referenzen zu gewinnen. Hierzu können Sie anlässlich der Betriebseröffnung bestimmte Aktionen veranstalten, einen Presseartikel lancieren oder Eröffnungswerbung schalten. Noch sicherer ist es natürlich, wenn der ehemalige Arbeitgeber oder ein früherer Kunde bereits einen ersten Auftrag konkret in Aussicht gestellt hat.

Abläufe und Organisation

In diesem Abschnitt geht es darum, wie es nach der Auftragserteilung weitergeht: Wie sind die eigentliche Erbringung der (Dienst-)Leistung, der Einkauf benötigter Materialien, die Herstellung des bestellten Produkts, der Transport zum Kunden, die Rechnungsstellung und das Mahnwesen organisiert?

Wenn Sie als Berater oder freier Mitarbeiter tätig sind, dann reduziert sich die interne Organisation häufig auf Ihr eigenes Zeitmanagement und die Buchhaltung. Dabei sind die wichtigsten Helfer Ihr Computer sowie ein guter Steuerberater. Verweisen Sie hier auf die von Ihnen genutzten Computerprogramme. Darüber hinaus sollten Sie an dieser Stelle erklären, wie Sie mit Auftragsspitzen umgehen wollen, zum Beispiel, indem Sie auf freie Mitarbeiter aus Ihrem persönlichen Netzwerk zurückgreifen.

LEITFRAGEN

→ Was sind die Kernaufgaben Ihres Unternehmens? – „Als Geschäftsführer der XYZ-Sprachschule verantworte ich die folgenden Kernprozesse: Betreuung der Schüler, Personalverantwortung, Akquise ..."

→ Wie sind die Abläufe strukturiert? Aus welchen Einzeltätigkeiten setzen sie sich zusammen? Wo werden sie erbracht? – „Die Bewirtung der Schüler wird durch einen Catering-Service abgewickelt."

→ Welche unterstützenden Funktionen sind darüber hinaus erforderlich? Wie werden insbesondere eine ordentliche Buchhaltung und Steuererklärung sichergestellt? – „Die Buchhaltung wird durch ... sichergestellt. Bei komplexen Fragen und für die Jahresabschlussarbeiten werde ich ..., einen erfahrenen Steuerberater, konsultieren."

→ Wie sieht die Organisationsstruktur Ihres Unternehmens aus? Bei Teamgründungen: Welche Aufgaben übernehmen die einzelnen Gesellschafter?

→ Wie viele freie, Halbtags- oder Vollzeitmitarbeiter brauchen Sie und ab wann? – Das Lehrerteam besteht aus mindestens acht freien Mitarbeitern mit folgenden Qualifikationen: ... Wie viele Stunden sie zum Einsatz kommen, hängt davon ab, ..."

→ Welche technische Ausstattung und Infrastruktur setzen Sie ein? – „Das Büro verfügt über folgende Ausstattung: ..."

→ Wie organisieren Sie die Zusammenarbeit mit den externen Dienstleistern und mit Ihren Kooperationspartnern? – „Am Monatsanfang bringe/erstelle/veranlasse ich jeweils ...", „Wöchentlich führen wir eine Telefonkonferenz durch ..."

Zukunftsperspektiven

Angenommen, alles läuft wie geplant und Sie erreichen Ihre selbst gesetzten Ziele. Welche Entwicklungsperspektiven haben Sie dann? Grundsätzlich gibt es zwei Möglichkeiten, den Umsatz zu steigern:

1. Sie können die Durchdringung Ihrer Zielgruppe erhöhen, neue Zielgruppen erobern oder Ihr Einzugsgebiet ausweiten. Das Ziel ist dabei letztlich immer, die Zahl der Kunden zu steigern.

2. Ebenso können Sie Ihren Umsatz pro Kunde erhöhen, zum Beispiel, indem Sie den Kunden zusätzliche Produkte und Dienstleistungen anbieten („Cross-Selling") oder ihm teurere („Up-Selling") verkaufen.

Welcher Entwicklungspfad für Sie attraktiver ist, hängt von Ihrer Tätigkeit und von dem Aufwand für die Gewinnung neuer Kunden ab. Wenn Neukunden sehr schwierig zu akquirieren sind, werden Sie eher Cross- und Up-Selling bei bestehenden Kunden betreiben. Anders sieht es aus, wenn Sie Produkte oder Dienstleistungen verkaufen, deren Entwicklung mit hohen einmaligen Kosten verbunden ist, zum Beispiel im Bereich Technologie, Software, Content usw. In solchen Fällen werden Sie eher den ersten Entwicklungspfad verfolgen und die Leistung an möglichst viele Kunden vermarkten, um den Umsatz Ihres Unternehmens zu erhöhen.

· ·

LEITFRAGEN

➜ Welche Faktoren können dazu führen, dass sich Ihr Geschäft besser als geplant entwickelt?

➜ Welche Risiken bestehen?

➜ Wie reagieren Sie, wenn die beschriebenen Risiken eintreten?

➜ Wie wollen Sie die Zahl der Kunden weiter erhöhen?

➜ Wie werden Sie den Umsatz pro Kunde erhöhen?

➜ Welche zusätzlichen Geschäftsaktivitäten können Sie sich in Zukunft vorstellen?

➜ Wie lautet Ihre Unternehmensvision?

· ·

Anhang/Anlagen

Die folgende Checkliste bietet Ihnen einen Überblick darüber, welche Anlagen Sie dem Businessplan in der Regel beifügen müssen, wenn Sie Ihre Unterlagen bei der Agentur für Arbeit abgeben. Welche Dokumente von der fachkundigen Stelle im Rahmen der Prüfung benötigt werden, unterscheidet sich von einer Stelle zur anderen erheblich. Erkundigen Sie sich deshalb vorab bei der fachkundigen Stelle, die Sie ausgewählt haben.

Die wichtigste Anlage ist zweifelsohne der Zahlenteil des Businessplans. Wichtig ist, dass Text- und Zahlenteil sich logisch ergänzen und es keine Widersprüche oder Ungereimtheiten gibt. Überlegen Sie, zu welchen Annahmen des Zahlenteils am ehesten Erklärungsbedarf besteht. Sofern Sie die entsprechenden Erläuterungen nicht bereits im Textteil vorgenommen haben, sollten Sie sie spätestens als Kommentar zum Zahlenteil im Anhang unterbringen.

●●

CHECKLISTE
Haben Sie an alle Anlagen gedacht?

→ Zahlenteil des Businessplans („Kapitalbedarfs- und Finanzierungsplan", „Umsatz- und Rentabilitätsvorschau" usw.)

→ Lebenslauf

→ Zeugnisse

→ Bei Teamgründungen gegebenenfalls die Gesellschafterverträge

→ Kopie der Gewerbeanmeldung oder bei Freiberuflern Anmeldung beim Finanzamt

→ Die in Ihrer Branche gegebenenfalls zusätzlich nötigen Genehmigungen und Nachweise, zum Beispiel

  – bei Handwerksberufen: Bestätigung der Handwerkskammer über die Eintragung in die Handwerksrolle oder in das Verzeichnis handwerksähnlicher Berufe;

  – bei Gaststätten: Betriebserlaubnis nach dem Gaststättengesetz;

  – bei Taxifahrern: Konzession;

  – bei Immobilienmaklern: Erlaubnis nach § 34 Gewerbeordnung;

  – bei Ärzten: Approbationsurkunde und Zulassung;

  – bei Heilpraktikern: Erlaubnis zur Ausübung der Heilkunde.

→ Teilnahmebestätigung am Existenzgründungsseminar (wenn dies von der Arbeitsagentur auf dem Antragsformular als notwendig vermerkt wurde)

→ Stellungnahme der fachkundigen Stelle (einseitiges Formular mit Stempel der fachkundigen Stelle)

→ Der eigentliche Antrag auf Gründungszuschuss oder Einstiegsgeld sowie das Formular „Anforderung der Stellungnahme"

→ Begründung der letzten Geschäftsaufgabe, falls Sie in der Vergangenheit mehr als nur nebenberuflich selbstständig waren und der Platz auf der Anforderung der fachkundigen Stellungnahme nicht ausreicht

- → Bei Übernahmen oder bei Beteiligungen: die letzten Jahresabschlüsse des Betriebs (Einnahme-Überschuss-Rechnung oder Bilanz und Gewinn- und Verlustrechnung)
- → Bei Handelsvertretern oder Franchise-Nehmern: zugrunde liegende Verträge
- → Falls Sie schon längere Zeit nebenberuflich (weniger als 15 Wochenstunden) selbstständig sind: Verdienstnachweis etwa durch den letzten Jahresabschluss oder die Erklärung eines Steuerberaters
- → Nachweis, dass Sie über die nötigen eigenen Finanzierungsmittel oder fremde Finanzierungszusagen verfügen, zum Beispiel bei Aufnahme eines Kredits von Ihrer Bank (Wenn Sie überschaubare eigene Finanzierungsmittel einplanen, wird auf einen Nachweis in der Regel verzichtet. In jedem Fall müssen Sie nur den im Businessplan ermittelten Finanzierungsbedarf nachweisen, keineswegs Ihre gesamten Vermögensverhältnisse offenlegen.)
- → Bestätigung des Finanzamtes, dass die geplante Tätigkeit als freiberuflich anerkannt wird (Bei Grenzfällen zur gewerblichen Tätigkeit verlangen einige fachkundige Stellen eine solche Bestätigung. Fragen Sie bei Ihrer fachkundigen Stelle nach, ob sie auf entsprechende Nachweise Wert legt.)

Über die Checkliste hinaus können Sie noch mehr Anlagen aufnehmen, die Ihrer Ansicht nach zum Verständnis des Businessplans beitragen oder Ihre Aussagen unterstützen. Darunter fallen Kostenvoranschläge von Lieferanten, eigene und fremde Preislisten sowie Werbematerialien, eine Karte zur Veranschaulichung Ihres Standorts oder ausgewählte Zeitungsausschnitte, die die Erfolgsaussichten Ihres Geschäftsmodells oder Ihre Annahmen belegen.

Der Zahlenteil: Kosten, Umsatz und Gewinn

Für viele Gründer stellt der Zahlenteil die größte Herausforderung beim Schreiben des Businessplans dar. Doch die Berechnungen sind gar nicht so kompliziert, wie Sie vielleicht denken. Häufig sind es die betriebswirtschaftlichen und buchhalterischen Fachbegriffe, die den Zahlenteil schwer verständlich erscheinen lassen. Lassen Sie sich davon nicht abschrecken, sondern gehen Sie Schritt für Schritt vor, wie es in diesem Kapitel beschrieben ist.

Die Teilpläne

Wenn Sie den Zahlenteil des Businessplans mit Ihren eigenen Zahlen füllen, werden Sie die Berechnungen schnell durchschauen. Außerdem haben Sie den wichtigsten Bereich des Zahlenteils schon vorab erstellt und getestet: die Umsatzplanung. Wenn Sie über eine realistische Umsatzplanung für die ersten zwölf Monate verfügen, ist der Rest des Zahlenteils ganz einfach zu erarbeiten! Erstellen Sie nun der Reihe nach die Teilpläne.

Tipp

DAS BUSINESSPLAN-TOOL

Beim Zahlenteil hilft Ihnen das Businessplan-Tool, das im Internet unter www.jeder-ist-unternehmer.de/bplan zur Verfügung steht. Sie füllen einen Fragebogen aus, und auf Grundlage Ihrer Angaben werden automatisch alle nötigen Berechnungen angestellt.

Der Zahlenteil wird Ihre Kreativität anregen, auch wenn das vielleicht paradox klingt. Es ist tatsächlich so: Wenn Sie beim Durchrechnen Ihrer Zahlen feststellen, dass Ihre Umsätze nicht ausreichen, um einen befriedigenden Gewinn zu erzielen, oder dass Sie den Finanzierungsbedarf nicht decken können, ist Ihre Kreativität gefragt.

In diesem Fall liegt es in Ihrer Verantwortung, nach zusätzlichen Produkt-, Marketing- und Vertriebsideen zu suchen, um diese Lücken zu schließen. Diese Maßnahmen dürfen aber nicht der reinen Fantasie entspringen, sie müssen realistisch, nachvollziehbar und auch für Sie selbst überzeugend sein.

Ihre Messlatte: der kalkulatorische Unternehmerlohn

Der kalkulatorische Unternehmerlohn stellt die Messlatte dafür dar, ob und wann Sie einen ausreichend hohen Gewinn erzielen, um davon angemessen leben zu können.

Es gibt zwei Wege, die Höhe des kalkulatorischen Unternehmerlohns zu ermitteln. Zum einen können Sie die Einkommensalternativen betrachten:

Wie viel würden Sie in einer vergleichbaren Angestelltentätigkeit verdienen? Zum anderen ist es möglich, von der Ausgabenseite her zu rechnen: Wie viel müssen Sie verdienen, um Ihre Lebenshaltungskosten decken zu können?

Von der Einnahmeseite her rechnen: vergleichbares Angestelltengehalt

Angenommen, Sie könnten als Angestellter ein Bruttogehalt von 4.000 Euro zuzüglich Urlaubs- und Weihnachtsgeld (in Höhe von jeweils einem halben Monatsgehalt) erzielen. Wie hoch müsste Ihr kalkulatorischer Unternehmerlohn sein, damit Sie in etwa gleich viel verdienen?

Urlaubs- und Weihnachtsgeld stellen zusammen ein 13. Monatsgehalt dar. Teilt man es durch zwölf, ergibt sich ein Zuschlag von 333 Euro auf das monatliche Bruttoeinkommen. Hinzu kommen die Kosten für die Sozialversicherung (Arbeitgeber- und Arbeitnehmeranteil), die rund 21 Prozent des Monatsgehalts ausmachen, wenn Sie gesetzlich sozialversichert sind. Der Arbeitgeberanteil beträgt demnach 4.333 Euro × 21 Prozent = 910 Euro. Die Gesamtbelastung des Arbeitgebers betrug somit 4.333 Euro + 910 Euro = 5.243 Euro.

Nicht berücksichtigt ist dabei, dass Arbeitgeber häufig noch weitere Soziallleistungen gewähren, zudem sind die Arbeitszeit und das Beschäftigungsrisiko oft deutlich niedriger als bei Selbstständigen. Andererseits haben Sie als Selbstständiger andere Vorteile, zum Beispiel in Hinblick auf freie Zeiteinteilung, freie Wahl der Sozialversicherung und steuerliche Gestaltungsmöglichkeiten. In unserem Beispiel wäre ein kalkulatorischer Unternehmerlohn in Höhe von rund 5.000 Euro als angemessen zu betrachten.

Tipp

FAUSTREGEL

Wenn Sie privat versichert sind oder wenn Ihr Einkommen oberhalb der Beitragsbemessungsgrenzen (vergleiche www.jeder-ist-unternehmer.de/basisdaten) liegt, wird der Arbeitgeberanteil unter dem Strich weniger als 21 Prozent ausmachen. Faustregel: Rechnen Sie maximal mit einem Zuschlag von rund 1.000 Euro.

Lebenshaltungskosten

Als absolute Untergrenze für den kalkulatorischen Unternehmerlohn sollten Sie auf jeden Fall Ihre Lebenshaltungskosten ansetzen, selbst wenn Sie vielleicht bereit sind, sich kurzfristig sehr stark einzuschränken. Häufig wird schon die Höhe des eigenen Existenzminimums deutlich unterschätzt. Einige Anhaltspunkte, wo dieses in etwa liegt, bieten die folgenden Informationen:

→ Die Bundesregierung musste auf höchstrichterliche Anweisung hin das Existenzminimum von der Einkommensteuer freistellen. Deshalb ist heute ein zu versteuerndes Einkommen von 667 Euro für Ledige (für Verheiratete gilt der doppelte Betrag) steuerfrei. Tatsächlich können die steuerfreien Einkünfte aufgrund von Entlastungs- und Freibeträgen, Sonderausgaben und außergewöhnlichen Belastungen sogar noch ein wenig höher liegen. Mit dem Geld muss der Steuerpflichtige seine Lebenshaltungskosten inklusive der Mietzahlungen und Heizkosten decken.

→ Einen weiteren Anhaltspunkt liefert die Höhe des Arbeitslosengeldes II, bei dem Miete und Heizkosten für eine angemessene Wohnung in voller Höhe übernommen werden und zusätzlich der „Regelbedarf zur Sicherung des Lebensunterhalts" ausgezahlt wird. Er beträgt für ledige Berechtigte 391 Euro. Für den Lebenspartner beträgt er 353 Euro, für Jugendliche und Kinder von 14 bis 17 Jahren gibt es 296 Euro, für sechs- bis 13-Jährige 261 Euro und für Kinder unter sechs Jahren 229 Euro.

→ Auch Banken gehen bei der Prüfung von Businessplänen von einer gewissen Untergrenze für die Lebenshaltungskosten aus. Faustregel: Zusätzlich zu Miete, Versicherungen/Vorsorge und anderen größeren laufenden Verpflichtungen werden für das Familienoberhaupt 500 Euro, für jeden weiteren Erwachsenen 400 Euro und für Kinder 300 Euro angesetzt.

Beachten Sie bitte, dass die Werte die absolute Untergrenze darstellen. Sie sollten Ihre persönlichen Lebenshaltungskosten in Abhängigkeit von Ihrem gewohnten Lebensstandard und Ihren laufenden Verpflichtungen detailgenau ermitteln, indem Sie einen gründlichen und umfassenden „Kassensturz" machen. Ziel dabei ist es, den folgenden Fragebogen komplett auszufüllen. Einige Zuordnungen, die in der Tabelle zu finden sind, mögen Ihnen nicht gleich einleuchten. Sie sind aber ganz bewusst so gewählt, um die Vergleichbarkeit mit den folgenden Erläuterungen und Quellen herzustellen, die Ihnen beim Ausfüllen des Bogens helfen werden. Die Nummerierung trägt zur Orientierung bei.

1.	Nahrungsmittel, Getränke, Tabakwaren	
2.	Bekleidung und Schuhe	
3.	Wohnen (inklusive Heizung, Strom, Wasser, Instandhaltung)	
4.	Inneneinrichtung (Möbel, Heimtextilien, Haushaltsgeräte und Werkzeuge)	
5.	Gesundheitspflege (Eigenanteile)	
6.	Verkehr (Auto, Tankstelle, öffentliche Verkehrsmittel inklusive Bahn und Flug bis hin zum Fahrrad)	
7.	Nachrichtenübermittlung (Telefon, Internet, Porto)	
8.	Freizeit (Unterhaltungselektronik/Computer/Foto, Zeitungen, Zeitschriften, Bücher, Spiele, Musik, Eintrittsgelder, Fitnessstudio, Garten, Schreibwaren, Pauschalreisen)	
9.	Bildungswesen (VHS-Kurse, Studiengebühren)	
10.	Hotels und Restaurants (inklusive Kantine, Imbiss usw.)	
11.	Andere Waren und Dienstleistungen	
11.1.	Körperpflege (Friseur, Körperpflegeartikel) und persönliche Gebrauchsgegenstände (Schmuck, Uhren)	
11.2.	Versicherungs- und Finanzdienstleistungen sowie Dienstleistungen sozialer Einrichtungen (zum Beispiel Haftpflicht-, Kfz-, Hausratsversicherung, Kontoführung, jedoch ohne Lebensversicherung sowie Spar- und Wertpapieranlagen)	
Zwischensumme: private Konsumausgaben insgesamt		
12.	Gesetzliche Kranken- und Pflegeversicherung	
13.	Alternativ: private Kranken- und Pflegeversicherung	
14.	Gesetzliche Rentenversicherung	
15.	Private Ersparnisbildung in Spar- und Wertpapieranlagen	
Zwischensumme: kalkulatorischer Unternehmerlohn vor Steuern		
16.	Einkommensteuer	
17.	Solidaritätszuschlag	
18.	Kirchensteuer	
19.	Gegebenenfalls abzüglich Anteil des Lebenspartners	
Endsumme: kalkulatorischer Unternehmerlohn nach Steuern		

Viele Positionen Ihrer Lebenshaltungskosten können Sie ganz genau benennen, zum Beispiel die Höhe Ihrer Miete oder Ihrer Leasingraten für das Auto, da die entsprechenden Beträge ja regelmäßig von Ihrem Konto abgebucht werden. Ansonsten wissen Sie vielleicht nur, wie viel Geld Sie regelmäßig bei der Bank abheben, wissen aber nicht, wie sich die Ausgaben aufteilen.

Viele Gründer liegen hier mit ihren Annahmen gewaltig daneben. Oder hätten Sie gedacht, dass die Ausgaben für Nahrungsmittel und Getränke (einschließlich derjenigen für Alkohol und Zigaretten) im Durchschnitt lediglich einen Anteil von 13,7 Prozent der Konsumausgaben ausmachen?

Die folgende Tabelle hilft Ihnen dabei, zu einer realistischen Einschätzung zu kommen. Sie zeigt die durchschnittlichen Konsumausgaben privater Haushalte im Jahr 2011 abhängig von dem Wohnort, der Haushaltsgröße und dem Haushaltsnettoeinkommen. In Verbindung mit einer Auswertung Ihrer Kontoauszüge aus den vergangenen zwölf Monaten kommen Sie auf diese Art und Weise zu einer sehr genauen Schätzung Ihrer Lebenshaltungskosten und deren Zusammensetzung.

Beim Vergleich des Konsumverhaltens in Abhängigkeit vom Nettoeinkommen fällt auf, dass bei einigen Ausgaben wie Nachrichtenübermittlung (Telefonrechnung!), Wohnen und Lebensmittel sehr viel geringere Einsparmöglichkeiten bestehen als etwa bei den Ausgaben für Innenausstattung, Hotels und Restaurants sowie beim Verkehr (Auto!). Deutlich wird auch, dass die Haushalte mit zunehmendem Nettoeinkommen einen immer geringeren Anteil für Konsumausgaben aufwenden müssen und mehr Geld sparen oder anlegen können.

Wenn Sie in einer Partnerschaft leben und Ihre Ausgaben gemeinsam tragen, ist es sinnvoll, die Lebenshaltungskosten als Summe zu betrachten. Ihre persönlichen Lebenshaltungskosten ergeben sich nach Abzug des Betrags, den der Partner zu übernehmen bereit und in der Lage ist.

Monatliche Konsumausgaben privater Haushalte

	Deutschland insgesamt	Wohnort		Familienstand				Haushaltseinkommen (Euro)				
		Alte BL	Neue BL	Allein lebend	Allein erziehend	Paar ohne Kind	Paar mit Kind	Bis 1.300	Bis 2.600	Bis 3.600	Bis 5.000	Bis 18.000
1. Nahrungsmittel, Getränke, Tabakwaren.................	312	324	271	179	257	370	469	163	252	340	421	494
2. Bekleidung und Schuhe.................	104	110	81	60	93	111	175	34	68	102	145	237
3. Wohnen, Energie, Wohnungsinstandhaltung.........	775	815	629	587	665	872	975	459	648	826	991	1.188
4. Innenausstattung, Haushaltsgeräte und -gegenstände	125	128	113	69	79	163	185	36	78	140	184	266
5. Gesundheitspflege.................	93	101	63	62	51	137	89	22	56	87	121	254
6. Verkehr.................	319	336	258	170	156	380	511	68	208	338	490	701
7. Nachrichtenübermittlung.................	57	57	56	43	62	57	74	37	49	61	67	83
8. Freizeit, Unterhaltung und Kultur.................	244	251	218	154	187	294	355	83	173	261	349	486
9. Bildungswesen.................	16	18	11	8	24	7	53	4	10	15	24	42
10. Beherbergungs- und Gaststättendienstleistungen.....	119	126	96	70	77	159	172	30	74	122	175	279
11. Andere Waren und Dienstleistungen.................	88	92	72	59	84	102	125	30	62	94	122	180
Private Konsumausgaben insgesamt.................	*2.252*	*2.358*	*1.866*	*1.461*	*1.735*	*2.651*	*3.184*	*967*	*1.678*	*2.386*	*3.090*	*4.209*

Quelle: Statistisches Bundesamt, Fachserie 15, Reihe 1, Wirtschaftsrechnungen - Einnahmen und Ausgaben privater Haushalte 2011, erschienen 2013.
Alle Angaben in Euro. Die Beträge sind zum Teil gerundet, deshalb kann es zu Abweichungen bei der Summenbildung kommen.

Kapitel 7: Der Zahlenteil: Kosten, Umsatz und Gewinn

Von den Lebenshaltungskosten zum kalkulatorischen Unternehmerlohn

Die Schätzung Ihrer privaten Konsumausgaben stellt nur eine Zwischensumme auf dem Weg zum kalkulatorischen Unternehmerlohn dar. Sie müssen nun als Nächstes Ersparnisbildung, private oder gesetzliche Sozialversicherung sowie Steuern zu dem Zwischenergebnis hinzurechnen (siehe bereits dargestellte Tabelle hierzu). Das Problem dabei: Die Höhe der gesetzlichen Sozialversicherung und Steuern hängt von der Höhe des kalkulatorischen Unternehmerlohns ab, den wir ja eigentlich gerade ermitteln wollen. Es ist deshalb notwendig, auf einem getrennten Blatt Papier verschiedene Einkommensszenarien durchzuspielen. Wie hoch die gesetzlichen Sozialversicherungsbeiträge in Abhängigkeit von dem geplanten Einkommen sind, können Sie anhand der Angaben in Kapitel 1 unter „Ausgaben für Renten-, Kranken- und Pflegeversicherung" ermitteln, die Steuerbelastung lässt sich mit einem Steuerrechner herausfinden, wie er zum Beispiel unter www.jeder-ist-unternehmer.de/steuerrechner zur Verfügung steht.

Gut zu wissen

BEI DER RECHNUNG ZU BEACHTEN

Streng genommen hängen die gesetzlichen Sozialabgaben und Steuern gar nicht vom kalkulatorischen Unternehmerlohn ab, sondern von Ihrem Gewinn. Schließlich dient der kalkulatorische Unternehmerlohn nur dazu, Ihr Ziel festzulegen. Tatsächlich fallen die Gewinne zunächst viel niedriger aus als der kalkulatorische Unternehmerlohn, oder es entstehen sogar Verluste. Das Geld, das Sie sich zur Deckung Ihrer Lebenshaltungskosten, Sozialversicherungsbeiträge usw. auszahlen (Privatentnahme), stammt dann nur zum Teil aus dem tatsächlich erzielten Gewinn. Der Rest ist Ihr eigenes Geld, das Sie zuvor als Finanzierung auf das Geschäftskonto eingezahlt haben. Darauf brauchen Sie natürlich keine Steuern und Sozialabgaben zu entrichten.

Welche Bedeutung hat der kalkulatorische Unternehmerlohn?

Der kalkulatorische Unternehmerlohn ist zwar eine rein rechnerische Größe, spielt aber eine ganz zentrale Rolle in Ihrem Businessplan.

➜ Er bestimmt die Höhe Ihrer Privatentnahmen: Wenn Sie sich selbstständig machen, müssen von Anfang an Ihre privaten Lebenshaltungskosten, Sozialversicherungsbeiträge und Steuervorauszahlungen gedeckt sein. Entweder durch den erzielten Gewinn oder durch Privateinlagen, die Sie zuvor vorgenommen haben.

➜ Mittelfristig sollten Sie einen Gewinn in Höhe Ihres kalkulatorischen Unternehmerlohns erzielen. Dann haben Sie das Ziel erreicht, mit der selbstständigen Tätigkeit genauso viel zu verdienen wie mit einer vergleichbaren Tätigkeit als Angestellter. In den Businessplänen von Gründungszuschuss-Gründern wird das Ziel meistens im zweiten Jahr erreicht.

Gut zu wissen

EINSTIEGSGELD-GRÜNDER: SCHNELLER BREAK-EVEN ERWARTET

Von Einstiegsgeld-Gründern wird de facto verlangt, dass sie Tätigkeiten wählen, die einen noch schnelleren Break-even versprechen: Als Arbeitslosengeld-II-Empfänger verfügen sie nur über geringe Rücklagen zur Finanzierung von Investitionen oder Anlaufverlusten. Geschäftliche Anschaffungen müssen aus dem erzielten Überschuss oder aus dem Einstiegsgeld heraus finanziert werden. Das Einstiegsgeld wird meist ein Jahr, oft auch nur ein halbes Jahr gezahlt. Danach muss sich die Selbstständigkeit ohne Einstiegsgeld tragen. Allerdings kann bei geringem Einkommen auch dann noch ergänzend Arbeitslosengeld II bezogen und auf diesem Weg die soziale Absicherung sichergestellt werden. Allerdings kann die Arbeitsagentur oder ARGE dann jederzeit fordern, dass Sie wieder eine nichtselbstständige Tätigkeit aufnehmen.

➜ Wenn Sie als freier Mitarbeiter oder Berater von Anfang an eine hohe Auslastung planen, können Sie auch schon im ersten Jahr oder sogar in den ersten sechs Monaten einen Gewinn oberhalb Ihres kalkulatorischen Unternehmerlohns erzielen. Allerdings kann dies Ihren Anspruch auf Gründungszuschuss gefährden, denn möglicherweise hält die Bundesagentur für Arbeit dann eine Förderung Ihrer selbstständigen Unternehmung dann gar nicht mehr für notwendig.

→ Wenn Ihre Gründung hohe Anfangsinvestitionen und langwierige Aufbauarbeit erfordert, starten Sie vielleicht mit einem Verlust und erzielen erst im dritten Jahr Ihrer Selbstständigkeit oder noch später einen Gewinn, der zur Deckung Ihres kalkulatorischen Unternehmerlohns ausreicht. Dieser Verlauf ist jedoch eher untypisch für geförderte Gründungen.

Die Planung der Kosten

Nun geht es darum, wie viel Gewinn Sie tatsächlich erzielen werden, wenn alles nach Plan geht. Der Gewinn errechnet sich als Differenz aus Betriebseinnahmen (Umsatz) und Betriebsausgaben (Kosten). Mit der ersten der beiden Größen haben Sie sich ja schon ausführlich beschäftigt. Zumindest für die ersten zwölf Monate liegt Ihnen bereits eine vorläufige Umsatzplanung vor. Die Kosten lassen sich in der Regel sehr viel genauer vorhersagen als die Umsätze, denn Sie können Angebote erstellen lassen und Preise vergleichen. Sie müssen nur wissen, was Sie genau benötigen!

Aber auch hier haben Sie bereits vorgearbeitet, sodass Sie insbesondere Ihre Produktions- sowie Ihre Marketing- und Vertriebskosten recht genau einschätzen können. Die Berechnungen auf der Kostenseite sind etwas komplizierter als auf der Umsatzseite. In diesem Zusammenhang sind drei Arten von Ausgaben zu unterscheiden.

1. Investitionen: Darunter fallen größere einmalige Anschaffungen, die typischerweise bei der Gründung oder später als Erweiterungs- oder Ersatzinvestitionen getätigt werden. Man spricht hier auch von „Anlagen" oder von „Anlagevermögen" und denkt dabei vor allem an Maschinen. Bei Dienstleistungsgründungen handelt es sich in den meisten Fällen um Ausgaben für Computer, Firmenwagen sowie Büromöbel.
Jeder denkbaren Investition ist in amtlichen Abschreibungstabellen („AfA-Tabellen") eine wirtschaftliche Nutzungsdauer zugeordnet, über

die sie abgeschrieben werden muss. Das bedeutet für Sie als Unternehmer: Die Anschaffungskosten können nicht auf einen Schlag als Betriebsausgabe vom Umsatz abgezogen werden, sondern mindern den Gewinn verteilt über die Nutzungsjahre hinweg.

BEISPIELE FÜR ABSCHREIBUNGSZEITRÄUME

Bei Anschaffungskosten von mehr als 410 Euro (bei Bildung von Sammelposten wahlweise 1.000 Euro) gelten die durch die AfA-Tabellen vorgegebenen Abschreibungszeiträume, zum Beispiel:

PC/Laptop: drei Jahre
Pkw: sechs Jahre
Büromöbel: 13 Jahre

Weitere Informationen und Links auf amtliche AfA-Tabellen finden Sie unter www.jeder-ist-unternehmer.de/afa.

2. Fixe Kosten: feste monatliche Kosten, die unabhängig von der Absatzmenge anfallen, also nichts damit zu tun haben, wie viele Tage Sie für Kunden im Einsatz sind oder wie viele Artikel Sie verkaufen. Hierzu zählen Personalkosten, Abschreibungen, Kreditzinsen sowie sonstige Kosten. Das Besondere bei geförderten Gründungen ist, dass die sogenannten sonstigen Kosten den Großteil aller Kosten darstellen. Darunter fallen Ausgaben wie Miete, Werbe- und Reisekosten, Telefon und Porto. Personalkosten spielen dagegen nur eine geringe Rolle, weil viele der Gründer allein arbeiten und sich aus dem Gewinn finanzieren. Da meist keine großen Investitionen nötig sind, brauchen auch keine Kredite aufgenommen zu werden – somit spielen Kreditzinsen als Ausgabeposition nur bei einem kleinen Teil der Gründer eine Rolle.

3. Variable Kosten: Sie fallen nur in dem Umfang an, in dem Sie Umsatz erzielen. Insofern sind sie einem bestimmten Umsatz direkt zuordenbar. Beispiele sind fertige Waren, die Sie weiterverkaufen, Material, das Sie verarbeiten, oder freie Mitarbeiter, die Sie „weitervermieten". Sie gehen

Kapitel 7: Der Zahlenteil: Kosten, Umsatz und Gewinn

dabei nur ein geringes Risiko ein: Wenn Sie einen Auftrag nicht bekommen, entfallen auch die mit ihm verbundenen variablen Kosten.

Einer der folgenschwersten Fehler von Gründern ist es, zu hohe Investitionen und fixe Kosten auf sich zu nehmen. Der Grund liegt meist darin, dass sie im ersten Überschwang der Gründung – vielleicht auch aufgrund eines übermäßig ehrgeizigen Businessplans – in Hinblick auf Nachfrage und Absatzmenge sehr optimistisch denken und entsprechend überdimensionierte Anschaffungen tätigen. Alles fällt eine Nummer größer aus, als eigentlich nötig wäre. Egal ob es sich um Büro, Auto, Computer oder Werbemaßnahmen handelt.

Für den Fall, dass die geplante Auslastung tatsächlich erreicht wird, sind Anschaffungen in dieser Größe sinnvoll. Doch meistens werden die Stückzahlen erst deutlich später erreicht als geplant. Und in der Zwischenzeit ist der Gründer mit höheren Mieten, Abschreibungen, Verbrauchskosten usw. belastet. Außerdem schränkt dies seine Flexibilität ein, auf neue Erkenntnisse oder technische Entwicklungen unmittelbar zu reagieren, da er sich bereits auf eine bestimmte Lösung festgelegt hat.

Daher der Rat: Belasten Sie sich so wenig wie möglich mit Investitionen und fixen Kosten. Dadurch können Sie das Risiko Ihres Vorhabens verringern und Krisensituationen sehr viel leichter durchstehen oder ganz vermeiden.

NICHT DIE KOSTENARTEN VERWECHSELN

Leasing führt zwar dazu, dass Sie eine Anschaffung nicht auf einen Schlag bezahlen und finanzieren müssen, dennoch sind aufgrund der langen Vertragslaufzeit langfristige fixe Kosten damit verbunden. Variabel sind Kosten dann, wenn Sie zum Beispiel eine Anlage mieten und nach der Nutzung kurzfristig zurückgeben können.

Es folgen einige Tipps, wie Sie Ihre Kosten variabel halten können:

→ Wenn Ihnen zu Hause die Decke auf den Kopf fällt, sollten Sie zunächst den Einzug in eine Bürogemeinschaft erwägen. Denn wenn Sie ein eigenes Büro mieten, müssen Sie sich in der Regel auf einen längeren Zeitraum festlegen, werden deshalb tendenziell ein zu großes Büro mieten, was wiederum hohe Ausgaben für die Möblierung mit sich bringt. Innerhalb einer Bürogemeinschaft gibt es dagegen immer wieder Fluktuation und damit die Möglichkeiten zu wachsen. Außerdem kann man bei einer Bürogemeinschaft auch meistens einfacher wieder aus einem Vertrag aussteigen.

→ Das Gleiche gilt für teure Anschaffungen wie zum Beispiel ein Auto: Für wichtige Termine können Sie sich zunächst ein repräsentatives Auto mieten. Erst wenn sich die Geschäftstermine häufen, lohnt es sich, eine größere Ausgabe zu tätigen.

→ Bevor Sie jemanden fest anstellen, weil Ihre eigenen Kapazitäten ausgeschöpft sind, sollten Sie erwägen, ob Sie nicht besser mit freien Mitarbeitern oder in einem Netzwerk mit anderen Selbstständigen zusammenarbeiten. Vielleicht müssen Sie ein wenig mehr vom Umsatz abgeben, aber die meisten freien Mitarbeiter arbeiten viel engagierter und zuverlässiger, eventuell sogar im eigenen Büro und mit eigenen Arbeitsmitteln. Lässt die Auftragslage dann wieder nach, sind Sie ihnen gegenüber keine Verpflichtungen eingegangen. Im Gegenteil: Vielleicht kann ein freier Mitarbeiter jetzt umgekehrt Sie an einem Auftrag beteiligen.

→ Statt gleich mit einer Website zu starten, die alle denkbaren Features aufweist, können Sie zunächst mit einer abgespeckten Version die Marktakzeptanz testen. Entwickeln Sie dann die Website entsprechend den Nutzerwünschen Schritt für Schritt weiter. Vom Ergebnis her sind die Kosten gleich, aber Sie tragen ein wesentlich geringeres Risiko, und die endgültige Version wird sicherlich besser ausfallen.

→ Statt der Versuchung nachzugeben, gleich einen teureren neuen Laptop zu kaufen, überlegen Sie, ob es vielleicht auch der alte noch tut. Vor allem, wenn Sie die Leistungsfähigkeit des neuen Laptops noch gar nicht ausnutzen können. Wenn Sie dann später einen neuen kaufen, wählen Sie gleich ein leistungsfähigeres Modell. Das Gleiche gilt für Software, die oft in einer kleineren Einstiegsvariante erhältlich ist und gegen einen geringen Aufpreis aufgestockt werden kann.

→ Handeln Sie mit Marketing- und Vertriebspartnern möglichst eine erfolgsabhängige Vergütung (Provision) statt einer fixen Zahlung aus. Das erhöht zum einen die Anreize für Ihre Partner und senkt zum anderen Ihr Risiko.

→ Diesen Aspekt sollten Sie auch beim Einkauf oder der Herstellung Ihrer Leistungen berücksichtigen. Kaufen Sie Ihre Waren auf Kommission, das heißt, Sie behalten sich ein Rückgaberecht vor für den Fall, dass Sie die Ware nicht ab setzen können. Und darüber hinaus gilt: Kaufen Sie Materialien möglichst „just in time" ein, statt sich ein großes Lager aufzubauen. Denn sonst verwandeln Sie an sich variable Kosten (Material) in eine Investition (Aufbau eines Lagers).

BUSINESSPLANUNG OHNE UMSATZSTEUER

Die gesamte Businessplanung erfolgt netto. Das heißt, Sie setzen alle ausgestellten Rechnungen ohne Umsatzsteuer an und rechnen diese auch aus allen Anschaffungen und Kosten heraus. Dabei ist Folgendes zu beachten.

→ Einige Kostenarten enthalten keine Umsatzsteuer: Porto, Versicherungen, Steuern, Kreditzinsen, in manchen Fällen die Teilnahme an Weiterbildungsmaßnahmen sowie die Büromiete. Immer wichtiger werden zudem Lieferungen von Dienstleistern aus anderen EU-Ländern, die von der Umsatzsteuer befreit sind, sofern Sie dem Lieferanten Ihre Umsatzsteuer-ID-Nummer mitteilen.

→ Einige Kostenarten enthalten nur sieben Prozent Umsatzsteuer: Bücher und Zeitschriften, Lebensmittel (nicht aber Getränke und im Restaurant), Taxi, öffentliche Verkehrsmittel und Bahnreisen (bis 50 Kilometer, darüber 19 Prozent) sowie Übernachtungen.

Ausnahme: Ihre Kosten müssen Sie hingegen inklusive Umsatzsteuer ansetzen, wenn Sie im Rahmen Ihrer Anmeldung beim Finanzamt auf den Ausweis von Umsatzsteuer verzichtet haben, zum Beispiel aufgrund der Kleinunternehmerregelung gemäß § 19 Absatz 1 Umsatzsteuergesetz (bis zu einem Umsatz in Höhe von 17.500 Euro im ersten beziehungsweise vorausgegangenen Jahr wählbar) oder weil Sie als staatlich anerkannter Bildungsträger,

Zahnarzt, Arzt, Heilpraktiker oder Versicherungsmakler von der Umsatzsteuer befreit sind. In diesen Fällen können Sie sich die in Eingangsrechnungen enthaltene Umsatzsteuer nicht erstatten lassen und müssen aus diesem Grund den Bruttobetrag als Kosten ansetzen

Einmalige Ausgaben (Kapitalbedarf)

Mithilfe des Investitionsplans schätzen Sie den finanziellen Aufwand in der Anlaufphase ab, das heißt, Sie berechnen, wie viel Geld Sie vor und während der Gründung für einmalige Ausgaben benötigen. Denken Sie schon in der Vorbereitungsphase daran, alle Belege sorgfältig aufzubewahren, da Ihre betrieblich motivierten Ausgaben steuerlich abzugsfähig sind, auch wenn sie vor der Gründung erfolgen.

Zum Teil spricht man auch von „Investitionsplan". Dies ist ein wenig irreführend, da nicht alle Ausgaben in dieser Phase tatsächlich Investitionen darstellen und abgeschrieben werden müssen. Die Ausgaben, die in diesem Zeitraum auf Sie zukommen, lassen sich in fünf Kategorien aufteilen.

Gründungskosten

Anmeldungen, Genehmigungen sowie Workshops und Beratungen im Zusammenhang mit der Unternehmensgründung, zum Beispiel die Erstberatung durch einen Existenzgründungsberater, Anwaltshonorare für den Gesellschaftervertrag etc.

Tipp

BEI GEWERBEANMELDUNG ZU BEACHTEN!

Eine Gewerbeanmeldung ist nur bei einer gewerblichen Gründung nötig. Wenn Sie sich als Freiberufler (nicht zu verwechseln mit freier Mitarbeiter!) selbstständig machen, genügt eine Meldung direkt beim Finanzamt.[4] Die Gewerbeanmeldung erfolgt auf dem Gewerbeamt der Gemeinde oder Stadt, in der Sie den Betrieb eröffnen. Sie kostet

---

[4]   *Zur Abgrenzung von gewerblicher und freiberuflicher Tätigkeit und zu den bei der Anmeldung zu beachtenden Details vergleiche Andreas Lutz: Gründungszuschuss und Einstiegsgeld, darin das Kapitel „Korrekte Anmeldung: Nutzen Sie die Wahlmöglichkeiten".*

meist zur Abgrenzung von gewerblicher und freiberuflicher Tätigkeit und zu den bei der Anmeldung zu beachtenden Details (vergleiche Andreas Lutz: Gründungszuschuss und Einstiegsgeld, darin das Kapitel „Korrekte Anmeldung: Nutzen Sie die Wahlmöglichkeiten") zwischen 20 und 50 Euro. Diese Gebühr lässt sich häufig sparen, wenn die Gewerbeanmeldung online durchgeführt wird. Beachten Sie, dass Sie als Gewerbetreibender gewerbesteuerpflichtig sind und dass die Informationen aus Ihrer Gewerbeanmeldung an diverse andere Stellen weitergegeben werden, deren Kontrolle Sie als ein Gewerbetreibender unterliegen: an die Kommune, das Gewerbeaufsichtsamt, die Handwerkskammer beziehungsweise Industrie- und Handelskammer, die Berufsgenossenschaft sowie das statistische Landesamt. Auch das Finanzamt erhält eine Kopie.

Büro oder Laden

Darunter fällt nicht die laufende Miete, sondern die einmaligen Ausgaben beim Einzug wie Maklerprovision und Kaution sowie für Installationen und Umbauten, falls notwendig. Wenn Sie eine Immobilie kaufen, führen Sie hier Ihre Anschaffungskosten auf.

Fahrzeug

Wenn Sie ein Auto leasen und dabei einmalige Kosten anfallen, tragen Sie diese hier ein. Allerdings fällt bei gewerblichem Leasing im Gegensatz zum privaten in der Regel keine Leasing-Sonderzahlung an. Wenn Sie ein Auto anschaffen oder bereits besitzen, kommt es darauf an, ob es als Privat- oder Firmenwagen zu behandeln ist.

Wenn Sie Ihr Auto nur gelegentlich (weniger als zehn Prozent) für Geschäftszwecke nutzen, so handelt es sich um Ihren Privatwagen, für den Sie keinerlei Anschaffungskosten geltend machen können. Für die geschäftliche Nutzung setzen Sie dann weiter unten im Kostenplan in der Zeile „Kfz-Kosten" eine Kilometerpauschale von 30 Cent pro gefahrenen Kilometer an.

Wenn Sie das Auto zu mehr als 50 Prozent geschäftlich nutzen, dann wird der Pkw in jedem Fall als Geschäftswagen behandelt. Eine zu 100 Prozent geschäftliche Nutzung wird nur für Lieferwagen sowie für Zweit- und Drittfahrzeuge anerkannt. Beim ersten Pkw wird immer ein privater Nutzungsanteil unterstellt. Dieser Privatanteil lässt sich pauschal nach der sogenannten Ein-Prozent-Regel berechnen. Dabei wird monatlich ein Prozent des Listenneupreises Ihres Pkw als Betriebseinnahme erfasst, aufs Jahr gerechnet zwölf Prozent. Alternativ können Sie auch ein Fahrtenbuch führen und so nachweisen, dass die auf Privatfahrten entfallenden Kfz-Kosten tatsächlich niedriger sind, als nach der Ein-Prozent-Regel berechnet.

Bei zehn bis 50 Prozent geschäftlicher Nutzung hat sich Anfang 2006 durch eine Gesetzesänderung die steuerliche Behandlung speziell für Selbstständige deutlich verschlechtert. Zuvor konnte der Privatanteil auch hier pauschal nach der Ein-Prozent-Regel ermittelt werden, nun muss sie anhand eines Fahrtenbuchs berechnet und versteuert werden.

Kapitalbedarfsplan

1.	Gründungskosten		470 €
	Gewerbeanmeldung	40 €	
	Existenzgründungsseminare	250 €	
	Fachkundige Stellungnahme	180 €	
2.	Büro/Laden		0 €
3.	Investitionen		3.992 €
	Büromöbel vorhanden, Restwert	850 €	
	Laptop und Drucker vorhanden, 18 Monate alt, Restwert	1.242 €	
	Software	400 €	
	Erstausstattung Geschäftsunterlagen (Visitenkarten, Briefpapier, Website)	1.500 €	
4.	Warenlager		0 €
	Zwischensumme (1. + 2. + 3. + 4.)	4.462 €	
	davon nicht ausgabewirksam, da bereits vorhanden	2.092 €	
	davon ausgabewirksam	2.370 €	
5.	Sicherheitsreserve (ca. 20 %)		892 €
	Kapitalbedarf (1. + 2. + 3. + 4. + 5.)		5.354 €

Diese Vorgabe bringt einen erheblichen bürokratischen Aufwand mit sich und führt in der Regel zu einem sehr viel höheren zu versteuernden Privatanteil als früher. Angestellte und somit auch angestellte GmbH-Geschäftsführer sind hiervon nicht betroffen.

Welche Variante für Sie am günstigsten ist, das können Sie mit dem Rechentool unter www.jeder-ist-unternehmer.de/firmenwagen herausfinden.

Investitionen

Möbel, Maschinen, Computer, Software, Telefon – dies alles können Sie an dieser Stelle aufführen. Wenn Sie ein bestehendes Unternehmen übernehmen, setzen Sie den Übernahmepreis an. Sie fragen sich, was zu den einmaligen Marketingausgaben gehört? Das sind all diejenigen Kosten, die für eine Erstausstattung mit Geschäftsunterlagen, für die Gestaltung der Website sowie für eventuelle Einführungswerbung oder -aktionen anfallen.

Waren- oder Materiallager

Sind Sie Händler und müssen Sie Ihren Laden oder Ihr Lager mit Waren füllen oder benötigen Sie als Gastronom, Handwerker etc. eine Basisversorgung mit Lebensmitteln oder Materialien? Die Kosten für diese Grundausstattung erhöhen den Kapitalbedarf, bei den Nachbestellungen handelt es sich dann um variable Kosten.

Sacheinlagen

Anschaffungen, die bereits privat getätigt wurden und künftig betrieblich genutzt werden sollen, werden mit ihrem Zeitwert angesetzt, zum Beispiel der Computer oder ein Auto. Den Zeitwert bestimmen Sie in der Regel anhand des verbleibenden wirtschaftlichen Nutzungszeitraums (Angaben dazu finden Sie in der AfA-Tabelle), zusätzlich führen Sie diesen Posten als „nicht ausgabewirksam, da bereits vorhanden" auf. Er wird dann in der Liquiditätsrechnung nicht als Ausgabe berücksichtigt, da ja kein Geld mehr fließt, taucht dafür aber bei der Planung der Finanzierungsmittel auf, da es sich bei ihm rechtlich gesehen um eine Sacheinlage handelt.

Geringwertige Wirtschaftsgüter (GWG) und Abschreibungen

Nicht jeder Gegenstand, der über mehrere Jahre genutzt werden kann, wird nach der AfA-Tabelle abgeschrieben. Selbstständig nutzbare Gegenstände mit einem gewissen Anschaffungswert unterliegen als geringwertige Wirtschaftsgüter (GWG) anderen Regeln. Hierbei besteht seit dem Jahr 2010 ein Wahlrecht, ob Sammelposten gebildet werden sollen oder nicht. Die folgenden Betragsgrenzen verstehen sich dabei netto, sofern Sie selbst Umsatzsteuer ausweisen und folglich die bezahlte Umsatzsteuer zurückerstattet bekommen.

1. Ohne Sammelposten: Dann können Sie (wie schon bis 2007) alles bis 410 Euro sofort absetzen. Was über 410 Euro kostet, müssen Sie gemäß AfA-Tabelle abschreiben.
2. Mit Sammelposten: Bei dieser im Jahr 2008 eingeführten Regelung landen Anschaffungen im Wert von 150 bis 1.000 Euro in einem Abschreibungspool. Anschaffungen unter 150 Euro setzen Sie sofort ab, Anschaffungen über 1.000 Euro werden gemäß AfA-Tabelle abgeschrieben.

Jedes Jahr können Sie neu entscheiden, welches Verfahren für Sie günstiger ist. Die erste ältere Variante ist für Selbstständige meist günstiger: Statt nur bis 150 Euro kann man hier Anschaffungen bis 410 Euro sofort im gleichen Jahr gewinnmindernd geltend machen. Bei Anschaffungen von 410 Euro bis 1.000 Euro handelt es sich sehr oft um elektronische Geräte wie Computer oder Handys, die innerhalb von drei Jahren abgeschrieben werden können.

Würden sie dagegen im Abschreibungspool landen, zöge sich dieser Prozess über fünf Jahre hin. Zudem können Gegenstände, die innerhalb dieser fünf Jahre kaputtgehen oder verkauft werden, nicht aus dem Pool entfernt werden. Ihr Restwert kann dann also nicht sofort steuerlich geltend gemacht werden. Vorteilhaft ist die Poollösung vor allem dann, wenn Sie viele Anschaffungen im Wert von 410 bis 1.000 Euro gemacht haben, deren AfA mehr als fünf Jahre beträgt, etwa beim Kauf von Büromöbeln.

Tipp

SAMMELPOSTEN-TOOL

Falls Sie sich für die Bildung von Sammelposten entscheiden, finden Sie unter www.jeder-ist-unternehmer.de/sammelposten eine Excel-Musterdatei, die bei der Verwaltung der Anschaffungen hilfreich ist.

Da wir bei der Businessplanung nicht mit Kalender-, sondern mit Geschäftsjahren planen und weil wir vereinfachend davon ausgehen, dass alle Investitionen zu Beginn des ersten Geschäftsjahres getätigt werden, reicht es für den Businessplan in der Praxis allerdings aus, die Anschaffungskosten einfach durch die Zahl der Jahre zu teilen.

Sicherheitsreserve

Zur Summe der einmaligen Ausgaben kommt ein Sicherheitsaufschlag von 20 Prozent hinzu. Durch diese Rechnung ergibt sich Ihr „Kapitalbedarf". Verwechseln Sie diesen nicht mit ihrem Finanzierungsbedarf. Zusätzlich zum einmaligen Kapitalbedarf müssen Sie weitere Mittel einplanen, denn wahrscheinlich werden Ihre Einnahmen nicht von Anfang an die laufenden Betriebskosten, Ihre Lebenshaltungskosten, Steuern und Sozialversicherung decken. Der damit verbundene zusätzliche Finanzierungsbedarf wird gelegentlich in Form eines pauschalen Aufschlags kalkuliert, etwa indem man den Kapitalbedarf um die laufenden Betriebsausgaben der ersten drei oder sechs Monate erhöht. Wir verzichten aber hierauf, weil wir mit dem Liquiditätsplan (siehe Kapitel 7 unter „Liquiditätsplan und nötige Finanzierungsmittel") den Finanzierungsbedarf sehr viel genauer bestimmen können.

Kostenplan

Der Kostenplan dient dazu, die fixen monatlichen Kosten zu ermitteln, die normalerweise durch Personalkosten, Zinsen und Abschreibungen dominiert werden. In den folgenden Ausführungen geht es vor allem um die „sonstigen Kosten", die bei kleinen Gründungen wie schon erwähnt den Großteil der anfallenden fixen Kosten ausmachen.

Miete und Nebenkosten für Büro, Laden etc.

Wenn Sie ein eigenes Büro außerhalb Ihrer Wohnung anmieten, planen Sie die damit verbundenen Kosten in voller Höhe ein. Wenn Sie von zu Hause aus arbeiten, sind die Kosten nur dann absetzbar, wenn der Raum Mittelpunkt Ihrer beruflichen Tätigkeiten ist (100 Prozent betrieblich). Dies ist jedoch ausgeschlossen, wenn Sie über ein Büro außerhalb Ihrer Wohnung verfügen oder zusätzlich einer nichtselbstständigen Tätigkeit außerhalb der Wohnung nachgehen.

Tipp

PERSONALKOSTEN

Personalkosten spielen bei Gründungszuschuss- und bei Einstiegsgeld-Gründern in den ersten Jahren oft nur eine geringe Rolle. Und nicht alle Kosten für Mitarbeiter zählen zu den Personalkosten. Was Sie für Angestellte, Mini- und Midijobber sowie Studenten und Praktikanten als Ausgaben einplanen müssen und was davon letztlich bei Ihren Mitarbeitern ankommt, erfahren Sie unter www.jeder-ist-unternehmer.de/personalkosten.

Marketing- und Werbekosten

Gemeint sind hier die laufenden Kosten (im Gegensatz zu den einmaligen Ausgaben bei der Eröffnung). Hierzu zählen zum Beispiel regelmäßige Anzeigenschaltungen, der Nachdruck von Flyern, die laufende Teilnahme an Messen usw.

Geschenke

Geschenke an Kunden und Geschäftspartner sind nur dann Betriebsausgaben, wenn Sie nicht mehr als 35 Euro pro Person und Jahr ausgeben. Die Betragsgrenze versteht sich dabei netto, sofern Sie selbst Umsatzsteuer ausweisen und folglich die bezahlte Umsatzsteuer zurückerstattet bekommen.

Bewirtungskosten

Den Nettoanteil von Restaurantrechnungen können Sie nur zu 70 Prozent geltend machen. Die restlichen 30 Prozent zählen als Privatausgabe. Wenn Sie häufig Geschäftspartner einladen, müssen Sie dies gegebenenfalls als zusätzlichen Ausgabeposten bei der Planung Ihrer Lebenshaltungskosten entsprechend berücksichtigen.

Versicherungen und Mitgliedsbeiträge

Hierunter fallen die betrieblichen Versicherungen. Besonders wichtig ist zum Beispiel eine Betriebs- und Berufshaftpflichtversicherung, in manchen Branchen ist sie sogar Pflicht (zum Beispiel bei Architekten und Rechtsanwälten).

Kapitel 7: Der Zahlenteil: Kosten, Umsatz und Gewinn

Wenn Sie eine solche Versicherung abschließen, sollten Sie vorsichtshalber 600 Euro Jahreskosten ansetzen, auch wenn die Summen hier erheblich variieren. In dieser Kategorie werden auch Mitgliedsbeiträge für Berufsverbände erfasst. Größere Berufsverbände berechnen für Einzelmitglieder typischerweise eine Aufnahmegebühr von 250 Euro und eine Jahresgebühr in ähnlicher Höhe. Selbst als aktiver Networker werden Sie in der Regel mittelfristig nicht mehr als zwei Mitgliedschaften pflegen können. Die Bandbreite bei den Beiträgen ist erheblich, es lohnt sich also, schon vorab festzulegen, wo eine Mitgliedschaft infrage kommt.

Kfz-Kosten

Wenn Sie für gelegentliche betriebliche Fahrten Ihren Privat-Pkw nutzen, dann setzen Sie pauschal 30 Cent pro gefahrenen Kilometer als Betriebsausgabe an. Wenn Ihr Pkw dagegen als Firmenwagen gilt, können Sie alle laufenden Kosten wie Tankstellenrechnungen, Reparaturen, Versicherungen, Kfz-Steuern usw. komplett als Betriebsausgabe ansetzen – für geschäftliche und private Fahrten. Ob Sie Ihr Auto als Firmenwagen behandeln können und wie sich Ihr Privatanteil berechnet, wurde bereits erläutert.

Sonstige Reisekosten

Hier setzen Sie die Kosten für alle anderen Verkehrsmittel an sowie für die Unterbringung in Hotels, wobei bei Hotelaufenthalten korrekterweise das Frühstück herausgerechnet werden muss. Typischerweise entstehen im Verlauf einer Reise Verpflegungsmehraufwendungen, zum Beispiel für das Frühstück, das Essen in Restaurants oder Gastgeschenke, wenn Sie privat unterkommen. Dabei handelt es sich nicht um Bewirtungen, sondern um die eigene Verpflegung. Vom Finanzamt werden hierfür pauschal anerkannt: sechs Euro (acht bis unter 14 Stunden), zwölf Euro (14 bis unter 24 Stunden) oder

24 Euro (ganztägig). Anders als bei Angestellten kann für die Übernachtung „ohne Beleg", also bei privater Unterbringung, keine Pauschale geltend gemacht werden. Bei Auslandsaufenthalten betragen die Pauschalen ein Mehrfaches. Kalkulieren Sie die Verpflegungsmehraufwendungen ebenfalls als sonstige Reisekosten. Wenn Ihre tatsächlichen Mehraufwendungen deut-

lich höher liegen als die Pauschale, müssen Sie die sich ergebende Differenz bei Ihrer privaten Ausgabenplanung berücksichtigen.

Instandhaltungsaufwendungen

Hier können Sie Reparatur- und Wartungsarbeiten, kleine Ersatzbeschaffungen usw. ansetzen, zum Beispiel wenn Ihr Computer streikt und Sie Hilfe holen.

Porto- und Kurierkosten

Wie schon erwähnt, ist hier zu beachten, dass die Portokosten, soweit sie in den Monopolbereich der Deutschen Post fallen, von der Umsatzsteuer befreit sind, also in voller Höhe anzusetzen sind. Insofern Porto- und Kurierkosten mit dem Umsatz schwanken, stellen sie allerdings keine fixen, sondern variable Kosten dar. Beispiel: Alle Bestellungen werden per Kurierdienst an Kunden ausgeliefert. Oder: Sie führen für Kunden Mailingaktionen durch und stellen diese in Rechnung. In diesen Fällen variieren die Kosten mit dem Umsatz.

Telekommunikationskosten

Hierunter fallen die Kosten für Telefon, Fax, Handy und Internetzugang. Die Höhe der Telefonrechnung lässt sich insofern relativ genau planen, als die eigentlichen Verbindungsentgelte häufig nur eine untergeordnete Rolle spielen. Die Rechnung wird dominiert von den fixen monatlichen Beträgen für den Telefonanschluss, den DSL-Zugang sowie der Pauschale des Internet-Providers. Immer mehr Telefongesellschaften bieten Flatrates für inländische, für europäische und sogar außereuropäische Festnetzgespräche an. Auch bei der Handynutzung werden mehr und mehr minutenweise Abrechnungen durch monatliche Flatfees oder Paketpreise ersetzt.

Hostingkosten

Wenn Sie unter einem eigenen Domainnamen eine Website betreiben und entsprechende E-Mail-Konten eingerichtet haben, sollten Sie die für deren Betrieb entstehenden Hostingkosten gegebenenfalls getrennt von den Telekommunikationskosten erfassen. Beim Hosting geht es um den Betrieb der Website oder des Servers, auf dem sich die Website befindet, während es bei der Telekommunikation um Ihre persönliche Internetnutzung geht.

Bürobedarf

Hier können Sie die Kosten für sämtlichen Bürobedarf, Verbrauchsmaterial und Kopien aufführen.

Weiterbildung

Hier werden die Ausgaben für Fachbücher und Fachzeitschriften erfasst sowie für Fachseminare, sofern es sich nicht um Reisekosten handelt. Zu beachten ist, dass für Bücher und Zeitschriften nur der ermäßigte Umsatzsteuersatz von sieben Prozent herausgerechnet werden muss, eine ganze Reihe von Fachseminaren ist gänzlich von der Umsatzsteuer befreit.

Ausgaben für Beratung

Überlegen Sie, welche Leistungen Sie von Ihrem Steuerberater und anderen hilfreichen Dienstleistern benötigen. Wollen Sie monatlich Ihre Belege abliefern und sich so das Ausfüllen der Umsatzsteuervoranmeldung ersparen? Dann wird Ihr Steuerberater oder Buchhaltungsservice wahrscheinlich eine monatliche Pauschale mit Ihnen vereinbaren. Wenn Sie sich am Monatswechsel ein wenig Zeit nehmen, können Sie Ihre Umsatzsteuervoranmeldung aber auch alleine erstellen.

Zusätzlich müssen Sie die Kosten für die Jahresabschlussarbeiten einplanen. Fragen Sie Ihren Steuerberater nach den voraussichtlichen Gesamtkosten.

Wenn Sie erst noch einen Steuerberater suchen und Preise vergleichen wollen, sollten Sie genau angeben, was Sie benötigen (Einnahme-Überschuss-Rechnung oder Jahresabschluss mit Bilanz und Gewinn- und Verlustrechnung? Umsatzsteuererklärung? Gewerbesteuererklärung? Einkommensteuererklärung mit oder ohne nichtselbstständige Einkünfte?). Für jede einzelne Einkunftsart müssen Sie eine Annahme über die Höhe („Gegenstandswert") treffen, da der genaue Preis hiervon abhängt. Jeder Steuerberater bietet unterschiedliche Gebührensätze (zum Beispiel 2/10 für Einkommen- und Umsatzsteuererklärung und 15/10 für die Überschussrechnung) an. Dieser Satz wird dann mit der Gebühr multipliziert, die – abhängig vom Gegenstandswert – in amtlichen Gebührentabellen[5] nachgeschlagen werden muss. Außerdem be-

---

[5] *In der Steuerberatergebührenverordnung, StBGebVO. Darin sind nach Beratung, Abschluss, Buchführung und Rechtsbehelf getrennte Gebührentabellen zu finden.*

rechnen Steuerberater Gebühren für Ihre Auslagen und für das Prüfen der Steuerbescheide. Reservieren Sie zudem einen angemessenen Betrag für Unternehmens- und Rechtsberatung. Faustregel: Kalkulieren Sie hierfür den gleichen Betrag, den Sie für Steuerberatungskosten ansetzen.

Kontoführung („Nebenkosten des Geldverkehrs")

Ein getrenntes Geschäftskonto sollten Sie auf jeden Fall eröffnen. Wenn Sie Einzelunternehmer sind und das Konto unter Ihrem eigenen Namen führen, unterscheidet sich das Geschäftskonto meist gar nicht von einem privaten Konto. Nur wenn Sie Lastschrifteinzüge vornehmen müssen oder sich eine sehr große Zahl von Kontobewegungen abzeichnet, wird die Bank überhaupt einen Unterschied im Verhalten feststellen können. Die Bereitschaft, einen Dispositionskredit einzuräumen, ist bei einem privaten Konto außerdem in den meisten Fällen sehr viel größer, und oft entstehen Ihnen keine Kontoführungsgebühren, zumindest wenn Sie über eine bestimmte Höhe von Zahlungseingängen verfügen. Wenn Sie über ein Privat- und ein Geschäftskonto verfügen, können Sie die beiden Sphären sauber trennen und sich ein monatliches „Gehalt" in Form eines Dauerauftrags vom Geschäftskonto aufs Privatkonto überweisen.

Bei sämtlichen Positionen im Kostenplan geben Sie die Durchschnittswerte für die ersten zwölf Monate Ihrer Geschäftstätigkeit an. Planen Sie ruhig etwas höhere Ausgaben ein, als Sie tatsächlich erwarten, da der Aufwand erfahrungsgemäß im ersten Jahr mit dem Umsatz schnell ansteigt. Ähnlich wie bei den einmaligen Ausgaben schlagen wir auf die Summe der laufenden Kosten ebenfalls einen Sicherheitspuffer auf. Hier genügen jedoch zehn Prozent.

Durch diese Rechnung ergeben sich die fixen monatlichen Kosten, die Ihnen voraussichtlich entstehen werden. Auch hier sollten Sie gedanklich wieder einen Schritt zurückgehen und alle Positionen daraufhin hinterfragen, welche Einsparmöglichkeiten es gibt und ob einzelne Kostenpositionen variabler gestaltet werden können.

Kostenplan (1. Jahr)

		Monat	Jahr
1.	**Variable Kosten (Wareneinsatz, Provisionen)**	254 €	3.048 €
2.	**Personalkosten ohne Unternehmerlohn**	0 €	0 €
3.	**Sonstige Betriebsausgaben**	1.254 €	15.048 €
	Miete / Pacht für Büro / Laden	250 €	
	Betriebliche Versicherungen (Berufshaftpflicht, ...)	20 €	
	Beiträge (Kammern, BG, Berufsverbände)	45 €	
	Kfz-Kosten	180 €	
	Reisekosten (mit Privatwagen gefahrene km, öffentliche Verkehrsmittel wie Flug, Bahn, Taxi usw.)	70 €	
	Ausgaben für Werbung, PR, Repräsentation	100 €	
	Weiterbildung	70 €	
	Instandhaltung Geräte, Maschinen (Wartung, Reparatur, Ersatz)	70 €	
	Bürobedarf, Kopien	50 €	
	Fachzeitschriften, -bücher	25 €	
	Handy	25 €	
	Telefon, Fax, Internetzugang	75 €	
	Porto und Kurier	50 €	
	Buchhaltung, Steuer- und Rechtsberatung	90 €	
	Nebenkosten des Geldverkehrs (Geschäftskonto...)	20 €	
	Zwischensumme: Sonstige Betriebsausgaben	1.140 €	
	Sicherheitspuffer (10 %)	114 €	
4.	**Zinsen**	0 €	0 €
5.	**Abschreibung**	69 €	828 €
	Laptop (drei Jahre)	55 €	660 €
	Farblaserdrucker (fünf Jahre, da < 1.000 ?)	14 €	168 €
	Gesamtbetrag (1. + 2. + 3. + 4. + 5.)	1.577 €	18.924 €

Variable Kosten

In die Kategorie „variable Kosten" fallen insbesondere die Ausgaben für

→ freie Mitarbeiter,

→ den Wareneinsatz (soweit nicht mit dem Aufbau eines Lagers verbunden),

→ das Material (soweit nicht mit dem Aufbau eines Lagers verbunden),

→ Fertigungslöhne,

→ Provisionen,

→ Abrechnungsgebühren (zum Beispiel für Kreditkartenzahlungen).

Das Honorar freier Mitarbeiter setzen Sie nur dann als variable Kosten an, wenn diese unmittelbar umsatzwirksam arbeiten, also zum Beispiel an einem Kundenprojekt mitwirken. Die Kosten für einen Buchhalter, der als freier Mitarbeiter monatlich drei Stunden Ihre Belege einbucht, oder für einen Grafiker, der alle zwei Wochen Ihre Website aktualisiert, setzen Sie als fixe Kosten an. Wie hoch die variablen Kosten in einem Monat sind, hängt von dem Umsatz ab, den Sie in diesem Zeitraum erwarten. Deshalb müssen Sie diese in Abhängigkeit vom geplanten Umsatz kalkulieren.

Von der Kostenplanung zur Gewinn-ermittlung

Die Planzahlen zu den einmaligen, fixen und variablen Kosten werden nun den Ergebnissen der Umsatzplanung gegenübergestellt. Auf diese Weise wird der voraussichtliche Gewinn („Ergebnis vor Steuern") ermittelt. Zugleich werden die detailliert geplanten Zahlen der ersten zwölf Monate grob auf das zweite und dritte Jahr hochgerechnet.

Dem resultierenden Gewinn pro Monat können Sie wiederum dem kalkulatorischen Unternehmerlohn gegenüberstellen, um herauszufinden, ab wann Ihr Unternehmen sich und Ihre Lebenshaltungskosten trägt: Typischerweise wird bei geförderten Gründungen schon im ersten Jahr der Geschäftstätigkeit ein Gewinn erzielt, der in seiner Höhe aber noch nicht dem von Ihnen berechneten kalkulatorischen Unternehmerlohn entspricht. Das ist meist die Zielsetzung für das zweite Jahr, während im dritten Jahr die Messlatte deutlich übersprungen werden sollte.

Ein Verlust über das ganze erste Jahr gesehen sollte von geförderten Gründern nur dann eingeplant werden, wenn dies unumgänglich ist: Bedenken Sie, dass Sie unter diesen Umständen Ihre gesamten Lebenshaltungskosten für das erste Jahr und zusätzlich den Verlust, also den Anteil der Betriebsausgaben, die nicht durch den erzielten Umsatz abgedeckt werden können, aus anderweitigen Quellen finanzieren müssen.

In der Umsatzschätzung für das erste Jahr als Ganzes verdichtet sich Ihre bereits vorhandene monatsgenaue Umsatzplanung, es handelt sich also um sehr fundierte Zahlen. Auch die Kosten haben Sie schon sehr detailliert geplant. Nun müssen Sie Ihre Schätzungen für das erste Jahr auf das zweite und dritte Jahr hochrechnen.

Rentabilitätsplan

	1. Jahr	2. Jahr	3. Jahr
Umsatz	53.850 €	84.500 €	112.500 €
./. variable Kosten	3.048 €	3.000 €	4.000 €
= Rohertrag I	50.802 €	81.500 €	108.500 €
./. Personalkosten	0 €	0 €	0 €
= Rohertrag II	50.802 €	81.500 €	108.500 €
./. sonstige Betriebsausgaben	15.048 €	21.076 €	25.291 €
= Cashflow	35.754 €	60.424 €	83.209 €
./. Zinsen	0 €	0 €	0 €
./. Abschreibung	828 €	994 €	1.192 €
= Ergebnis vor Steuern/Jahr	34.926 €	59.430 €	82.017 €
pro Monat	2.911 €	4.953 €	6.835 €
Zugrundeliegende Annahmen aus Umsatzplan			
Umsatzwirksame Tage (Auslastung)	89	130	150
x durchschnittlicher Umsatz/Tag	605 €	650 €	750 €
Umsatz (Plan)	53.845 €	84.500 €	112.500 €

Beim Umsatz werden Sie im zweiten Jahr sehr wahrscheinlich zunächst einmal eine Mengenausweitung planen, im dritten Jahr dagegen eine Erhöhung des Preisniveaus. Die prozentuale Belastung der Umsätze durch variable Kosten steigt mit zunehmender Auslastung in den meisten Fällen an, da der Gründer einen größeren Teil seines Leistungsprozesses an andere vergeben muss (zum Beispiel an freie Mitarbeiter). Vielleicht profitieren Sie in Ihrem Geschäft auch davon, dass mit steigender Ausbringungsmenge die Effizienz beim Mitteleinsatz steigt oder sich Ihre Einkaufskonditionen verbessern. Die variablen Kosten können dann prozentual gesehen auch abnehmen.

Vielleicht werden im zweiten und dritten Jahr Ihrer Geschäftätigkeit Personalkosten anfallen. Wenn Ihre Auslastung in einem bestimmten Teilbereich so hoch ist, dass Sie einen Angestellten dauerhaft auslasten können, kann es sich durchaus lohnen, einen Mitarbeiter einzustellen. Sie ersetzen dann variable Kosten, die Ihnen durch freie Mitarbeiter entstehen würden, durch die fixen Kosten für den Angestellten.

Bei den sonstigen Betriebsausgaben handelt es sich um den Kern Ihrer fixen Kosten. Sie werden nicht proportional mit der Umsatzentwicklung ansteigen oder dem Anstieg der mengenmäßigen Auslastung entsprechen (ansonsten wären es ja variable Kosten), aber doch etwas stärker als die allgemeine Kostenentwicklung (Inflationsrate) zunehmen.

Für den Fall, dass Sie Ihre Kosten zunächst einmal variabel gehalten haben, müssen Sie vielleicht die sonstigen Ausgaben im zweiten und dritten Jahr aufstocken. Vielleicht holen Sie dann auch solche Investitionen nach, die Sie zunächst für zu riskant gehalten haben. Abgesehen davon sind die einzuplanenden Abschreibungen ebenso wie eventuelle Zinszahlungen exakt vorhersagbar.

Als neue Größen erscheinen in diesem Plan der „Rohertrag" und der „Cashflow". Diese werden ermittelt, indem vom Umsatz stufenweise die verschiedenen Kostenarten abgezogen werden. Zunächst werden die variablen Kosten subtrahiert, da sen. Der Rohertrag I (auch „Rohgewinn I") zeigt auf, wie viel nach Abzug von Provisionen, Wareneinkauf usw. vom Umsatz übrig bleibt und für die Deckung weiterer Kosten zur Verfügung steht.

Im nächsten Schritt werden die Personalkosten abgezogen und auf diese Art und Weise der Rohertrag II errechnet. Mit diesem Betrag werden alle anfallenden sonstigen Betriebsausgaben finanziert.

Der verbleibende Cashflow ist eine wichtige Kenngröße, der den Erfolg eines Unternehmens unabhängig von seiner Finanzierungsstruktur vergleichbar macht. Welche Anteile am Cashflow die Zinszahlungen, die Abschreibungen und der Gewinn ausmachen, hängt davon ab, ob die Investitionen durch eigene oder fremde Mittel finanziert wurden. Bei den Abschreibungen fließt ja nicht wirklich Geld, die zugrunde liegenden Investitionen sind längst bezahlt.

Diese Mittel stehen dem Unternehmer aber zur Verfügung, um den Kredit zu tilgen, den er zur Finanzierung der Investition aufgenommen hat. Ebenso kann er sie verwenden, um die Privateinlage zurückzuführen, mit der er die Investition ursprünglich bezahlt hat.

Liquiditätsplan und nötige Finanzierungsmittel

Neben der Umsatzplanung kommt dem Liquiditätsplan die größte Bedeutung im Rahmen des Zahlenteils Ihres Businessplans zu. Hier fließen alle Planungen, die Sie bereits vorgenommen haben, in einer großen Tabelle zusammen.

An den darin enthaltenen Werten können Sie ablesen, wie viel Geld am Ende jedes Monats auf Ihrem Konto verbleibt – und welche Finanzierungsmittel Sie benötigen, um jederzeit zahlungsfähig zu bleiben. Die sich daran anschließende Planung der Finanzierungsmittel erfolgt dann in Form einer Erklärung darüber, aus welchen Quellen die Finanzierungsmittel, die Sie für Ihr Geschäft einsetzen wollen, stammen.

Liquiditätsplan

Der Liquiditätsplan ist einfach nachzuvollziehen: Sie stellen alle Zahlungseingänge und -ausgänge einander Monat für Monat gegenüber und schauen, was am Ende übrig bleibt. Es ist so, als ob Sie Ihren Kontoauszug nach Einnahmen und Ausgaben sortieren und anschließend ähnliche Positionen zusammenfassen.

Liquiditätsplan

Monat ab Gründung	1. Monat	2. Monat	3. Monat	4. Monat	5. Monat
Plan/Ist	Plan	Plan	Plan	Plan	Plan
1. Bestand liquider Mittel	**0 €**	**4.044 €**	**2.417 €**	**1.135 €**	**497 €**
2. Einnahmen	10.696 €	2.524 €	3.186 €	4.297 €	9.908 €
Förderungen/ Geldeingang	450 €	1.350 €	2.140 €	3.005 €	3.515 €
Anzahlungen/ Geldeingang	75 €	100 €	165 €	193 €	210 €
Barverkäufe	60 €	80 €	132 €	154 €	168 €
Vereinnahmte Umsatzsteuer	111 €	291 €	463 €	637 €	740 €
Vom Finanzamt erstattete Vorsteuer	0 €	703 €	286 €	308 €	275 €
Privateinlagen	10.000 €				5.000 €

3.	Verfügbare Mittel (1 + 2)	10.696 €	6.568 €	5.603 €	5.432 €	10.405 €
4.	Ausgaben	6.652 €	4.151 €	4.468 €	4.935 €	5.379 €
	Zahlungen an Lieferanten	0 €	150 €	200 €	0 €	0 €
	Bezahlte Provisionen	75 €	100 €	165 €	193 €	210 €
	Sonstige Betriebsausgaben (Fixkosten)	1.254 €	1.254 €	1.254 €	1.254 €	1.254 €
	Bezahlte Vorsteuer (ca.)	703 €	286 €	308 €	275 €	278 €
	An Finanzamt abgeführte Umsatzsteuer	0	111 €	291 €	463 €	637 €
	Einmalige Ausgaben/ Investitionen	2.370 €				
	Privatentnahmen	2.250 €	2.250 €	2.250 €	2.750 €	3.000 €
5.	Ergebnis (2. - 4.)	4.044 €	-1.627 €	-1.282 €	-638 €	4.529 €
	Liquidation (1. + 2. - 4.)	4.044 €	2.417 €	1.135 €	497 €	5.026 €

Die besondere Herausforderung dabei besteht in folgendem Umstand: Sie tun dies nicht im Nachhinein, sondern planen diese Posten für zwölf Monate in die Zukunft. Da Sie sämtliche dafür nötigen Zahlen bereits im Vorfeld ermittelt haben, wird Ihnen dies ganz bestimmt deutlich leichter fallen, als es auf den ersten Blick erscheint.

Am Anfang eines jeden Monats steht der Bestand an liquiden Mitteln, zu dem sämtliche Einnahmen dieses Monats hinzugezählt werden. Daraus ergeben sich die in diesem Monat verfügbaren Mittel, mit denen die Ausgaben bestritten werden. Der Kontostand („Liquidität") am Ende des Monats wird in der Aufstellung als Anfangsbestand für den nächsten Monat übernommen. Das heißt, die Liquidität ändert sich jeden Monat um die Differenz aus Einzahlungen und Auszahlungen („5. Ergebnis").

ZEITLICHE VERZÖGERUNG BEACHTEN

Bei der Überführung der Umsatz- in die Liquiditätsplanung müssen Sie einkalkulieren, dass die von Ihnen eingeplanten Umsätze erst mit zeitlicher Verzögerung auf Ihrem Konto eingehen, sofern Sie nicht alle Leistungen nur gegen Vorkasse oder gegen Barzahlung erbringen. Am besten legen Sie eine bestimmte prozentuale Verteilung (x Prozent zahlen im selben, y Prozent im nächsten und z Prozent im übernächsten Monat) zugrunde, mit der Sie unterschiedliche Annahmen zum Zahlungsverhalten Ihrer Kunden durchspielen können. Vergessen Sie darüber hinaus nicht, einen bestimmten Prozentsatz für einen möglichen Zahlungsausfall einzuplanen.

Umsatzsteuer und Vorsteuer

Im Liquiditätsplan müssen Sie auch die Liquiditätswirkung der Ihnen im Rahmen bezahlter Rechnungen zufließenden Umsatzsteuer („vereinnahmte Umsatzsteuer") kalkulieren. Diese erklären Sie jeweils am Anfang des Folgemonats gegenüber dem Finanzamt, was zu einem zeitlich versetzten Mittelabfluss in der gleichen Höhe unter der Rubrik „Ausgaben" führt.

Umgekehrt verhält es sich mit den Vorsteuern, also der Umsatzsteuer, die Sie auf eingekaufte Leistungen bezahlen. Diese stellen zunächst eine Auszahlung dar, werden aber im Rahmen der Umsatzsteuervoranmeldung am Anfang des nächsten Monats wiedererstattet.

Die vier Zeilen zur Umsatz- und Vorsteuer heben sich jeweils gegenseitig auf, führen aber zu kurzfristigen Liquiditätseffekten, die insbesondere bei höheren Investitionen im Gründungsmonat und bei schnellem Wachstum nicht übersehen werden sollten.

Einmalige Ausgaben/Investitionen

In diese Zeile werden die Investitionen und andere einmalige Ausgaben aus der Kapitalbedarfsplanung übernommen, allerdings ohne Sacheinlagen, da diese ja nicht liquiditätswirksam sind.

Kredite und Abschreibungen auf Investitionen

Im Beispiel haben wir auf die Abbildung der Zeilen für Kreditauszahlung, Zinsen und Tilgung verzichtet, weil diese nur für einen Bruchteil der geförderten Gründer überhaupt eine Rolle spielen. Abschreibungen kommen bei der Liquiditätsbetrachtung nicht vor, denn dabei handelt es sich um eine kalkulatorische Größe, der kein unmittelbarer Zahlungsfluss entspricht.

Privatentnahmen

Auch der kalkulatorische Unternehmerlohn ist eine kalkulatorische Größe, die aber eine Entsprechung im Zahlenteil hat: Sie müssen nämlich von Anfang an eine Privatentnahme einplanen, um Ihre Lebenshaltungskosten zu decken. Wenn Sie wollen, können Sie dabei in den ersten Monaten von der niedrigeren Variante des kalkulatorischen Unternehmerlohns ausgehen (siehe Kapitel 7 unter „Ihre Messlatte: der kalkulatorische Unternehmerlohn").

Gut zu wissen

WO WIRD DER GRÜNDUNGSZUSCHUSS ODER DAS EINSTIEGSGELD EINGEPLANT?

Die Förderung fließt Ihnen privat zu. Sie stellt keine Betriebseinnahme dar, sondern einen Beitrag zur Finanzierung Ihrer Lebenshaltungskosten. Nach Auffassung der meisten fachkundigen Stellen und Arbeitsagenturen sollten Sie die Förderung zumindest im Fall des Gründungszuschusses nicht berücksichtigen. Dadurch wird verhindert, dass Sie sich während der ersten neun Monate in einem Gefühl falscher Sicherheit wiegen. Schließlich müssen Sie nach dieser Zeit aus den erzielten Ergebnissen Ihren Lebensunterhalt so weit als möglich decken, wenn Sie nicht weitere Mittel zuschießen wollen.

Privateinlagen

Gehen Sie anfangs davon aus, dass Sie keine Privateinlagen einbringen. Spielen Sie erst einmal durch, wie sich Ihre Liquidität entwickelt, und ermitteln Sie dadurch die Höhe der Finanzierungslücke, die entsteht. Die Entwicklung verläuft hier typischerweise folgendermaßen:

1. Im ersten Monat ist das Ergebnis stark negativ: Die ersten Umsätze sind den Kunden gerade erst in Rechnung gestellt und noch längst nicht bezahlt, aber die fixen Kosten und die Privatentnahmen fangen schon an zu laufen. Außerdem müssen Sie Ihre einmaligen Anschaffungen gleich auf einen Schlag bezahlen. Sie rutschen deshalb im ersten Monat ordentlich in die roten Zahlen. (Im Beispiel liegt das Ergebnis des ersten Monats ohne die Privateinlagen bei −5.956 Euro.)

2. In den nächsten Monaten fallen kaum noch einmalige Ausgaben an, aber die laufenden Kosten und Privatentnahmen sind noch immer höher als Ihre Einnahmen. Allerdings erhöhen sich Ihre Einnahmen von Monat zu Monat und decken einen immer größeren Teil Ihrer anfallenden fixen Kosten. Ihr Ergebnis ist immer noch negativ, aber der Verlust wird von Monat zu Monat geringer. Entsprechend geraten Sie zwar immer stärker in die Miesen, aber mit abnehmender „Fallgeschwindigkeit". (Im Beispiel verbessert sich das Ergebnis unter Schwankungen, wird jedoch erst nach dem fünften Monat positiv.)

3. Dann haben Sie es geschafft und den Break-even-Punkt erreicht: Ihre Einnahmen reichen aus, um Ihre laufenden Kosten und Ihre Privatentnahmen zu decken. Ab jetzt erzielen Sie ein positives Ergebnis, das von Monat zu Monat wächst. Damit können Sie den negativen Liquiditätssaldo Schritt für Schritt abbauen.

Falls sich die Liquidität nicht nach diesem Muster entwickelt, also auch längere Zeit kein positives Ergebnis entsteht, bedeutet dies, dass Ihr Unternehmen auf absehbare Zeit nicht tragfähig ist, zumindest nicht im Verhältnis zu den bisher geplanten Lebenshaltungskosten. Da Sie an diesen aber nur begrenzt sparen können, ohne sich unglaubwürdig zu machen, müssen Sie Ihre Umsatz- und Kostenplanung grundlegend überprüfen. Im umgekehrten Fall, wenn Sie die mittlere der drei Phasen überspringen und schon ab dem zweiten oder dritten Monat (wenn die ersten Rechnungen bezahlt werden) alle Kosten und den kalkulatorischen Unternehmerlohn einspielen, sollten Sie Ihre Zahlen ebenfalls noch einmal überprüfen: Vielleicht ist Ihre Planung überoptimistisch oder Sie sind ein freier Mitarbeiter, der von Anfang an mit voller Auslastung arbeitet und deshalb aus Sicht der Arbeitsagentur gar keine Förderung benötigt.

Für gewöhnlich werden Sie alle drei oben genannten Phasen durchlaufen. Dabei zeigt der höchste Fehlbetrag in der Zeile „Liquidität" (am Ende der zweiten Phase) unmittelbar, wie hoch Ihr Finanzierungsbedarf ist. Im einfachsten Fall planen Sie diese Finanzierungsmittel nun im ersten Monat als Privateinlage ein, und auf einen Schlag ist Ihre Liquidität für den gesamten Planungszeitraum sichergestellt. Tatsächlich werden Sie sich sehr viel ausführlicher damit beschäftigen, ob auch andere Finanzierungsmöglichkeiten wie Bankkredite, Firmendarlehen oder Ähnliches nötig sind. Die Einlagen sollten Sie gegebenenfalls auf mehrere Monate verteilen, sodass sie zum richtigen Zeitpunkt zur Verfügung stehen und bis dahin möglicherweise zinsbringend angelegt bleiben können. Im Beispielplan werden die 15.000 Euro Eigenkapital durch Privateinlagen am Beginn des ersten und fünften Monats auf das Geschäftskonto einbezahlt.

Finanzierungsmittel

Nachdem Sie die Gesamthöhe des Finanzierungsbedarfs ermittelt haben, müssen Sie nun angeben, mit welchen Mitteln Sie diesen decken werden. Die Finanzierungsmittel müssen in ihrer Höhe, aber auch in ihrer Fristigkeit zum Bedarf „passen". Hierfür kommen infrage:

→ Eigenmittel (Privateinlagen im Sinne von Eigenkapital, Sacheinlagen)
→ Langfristige Fremdfinanzierung (Fördermittel, Kredit der Hausbank, Darlehen von Verwandten)
→ Kurzfristige Fremdfinanzierung (zum Beispiel Dispokredit, Lieferantenkredit) Bedenken Sie, dass es sich beim Liquiditätsplan nur um eine Annahme handelt. Es kann sein, dass Sie weitere schnell verfügbare Finanzierungsmittel als Reserve benötigen, für den Fall, dass sich Einnahmen verzögern oder ausbleiben, Ihre Planung sich also nicht genau umsetzen lässt.

Finanzierungsmittel

1.	**Eigenmittel**		17.092 €
	Eigenkapital	15.000 €	
	Sacheinlagen	2.092 €	
2.	**Langfristiges Fremdkapital**		**0 €**
3.	**Kurzfristiges Fremdkapital**		**3.000 €**
	Dispokredit	3.000 €	
	Lieferantenkredit	0 €	
Finanzierungsmittel (1 + 2 + 3)		**20.092 €**	

Den Dispokredit, über den Sie möglicherweise bei Ihrer Bank verfügen, sollten Sie allerdings lieber für kurzfristige, zum Beispiel untermonatige Liquiditätslücken einplanen. Sein Einsatz ist zum Beispiel dann sinnvoll, wenn Sie bei sofortiger Zahlung einen Skonto nutzen können, auf den Sie dann verzichten müssten, wenn Sie den Lieferantenkredit (zum Beispiel 30 Tage Zahlungsziel) voll ausnutzen würden. Es ist günstiger, die Überziehungszinsen für den Dispokredit zu bezahlen, als auf einen solchen Skonto zu verzichten.

Tipp

VERZÖGERUNGEN VERMEIDEN

Beachten Sie, dass eingeplante Kredite in aller Regel gegenüber der Arbeitsagentur und häufig auch der fachkundigen Stelle nachgewiesen werden müssen. Wenn die Bewilligung des Gründungszuschusses von der fachkundigen Stellungnahme, die Stellungnahme von der Kreditzusage und die Kreditzusage wiederum von der Bewilligung des Gründungszuschusses abhängt, können Sie in einen regelrechten Teufelskreis geraten. Wählen Sie deshalb unbürokratisch agierende Partner und beginnen Sie frühzeitig, die Verfügbarkeit des Bankkredits zu klären. Hier ist es oft sehr hilfreich, einen Unternehmensberater bei der Planung und Antragstellung einzubeziehen.

Auch über eigene Mittel und Darlehen von Verwandten kann unter Umständen ein Nachweis verlangt werden, vor allem dann, wenn diese in Relation zu Ihren bisherigen Verdienstverhältnissen ungewöhnlich hoch erscheinen. Sie brauchen aber in jedem Fall nur die laut Liquiditätsplan nötigen Finanzierungsmittel nachzuweisen. In Hinblick auf weitere Mittel genügt der allgemeine Hinweis, dass zusätzliche Reserven vorhanden sind.

Kapitel 8

Ihr Businessplan auf dem Prüfstand

Wenn Sie den Text- und Zahlenteil geschrieben und das Feedback Ihres Gründungsberaters sowie gegebenenfalls von selbstständigen Freunden und Bekannten eingearbeitet haben, sollten Sie Ihren Businessplan einer abschließenden Qualitätsprüfung unterziehen. Was dabei zu beachten ist und welche Gründe je nach Argumentation zu einer Ablehnung führen können, erfahren Sie in diesem Kapitel.

Ablehnungsgrund Vermittelbarkeit

Das schärfste Schwert der Arbeitsagentur bei der Ablehnung von Anträgen auf Gründungszuschuss ist der Vermittlungsvorrang: Ist eine Vermittlung des Gründers in den Arbeitsmarkt zu zumutbaren Bedingungen möglich, kann die Agentur darauf verweisen und den Gründungszuschuss ablehnen. Das hat mit Ihrem Businessplan zunächst einmal wenig zu tun, sondern vor allem mit dem Timing Ihrer Antragstellung beziehungsweise Gründung und Ihren Bemühungen um eine Stelle im Vorfeld.

Wenn Sie sich für eine Selbstständigkeit und gegen „eine sichere und gut bezahlte Anstellung" entscheiden, haben Sie sich das sicher gut überlegt. Vielleicht ist der Grund, dass Sie aufgrund Ihres Alters, Ihrer Qualifikation oder Ihrer Persönlichkeit eine Selbstständigkeit als nachhaltigere Form der Erwerbstätigkeit sehen: Sie wollen mit ihrer beruflicher Leistung punkten statt politische Spiele zu spielen? Sie möchten nicht ständig von jüngeren Kollegen gesagt bekommen, was Sie zu tun haben – obwohl Sie es aufgrund Ihrer Erfahrung eigentlich besser wissen? Sie sind überqualifiziert für die Stellen, die angeboten werden? Es gibt viele Gründe, warum Menschen sich lieber selbstständig machen wollen, und es geht darum, diese legitimen Gründe in den Gesprächen mit der Arbeitsagentur und im Businessplan nachvollziehbar zu machen und aufzuzeigen, dass eine Selbstständigkeit – auch für die Arbeitsagentur – für Sie die bessere Lösung ist.

Wenn Sie selbst überzeugt sind, können Sie bestimmt auch Ihren Betreuer überzeugen. Auf keinen Fall sollten sie ihm aber Vorwände für eine Ablehnung liefern, indem Sie die Entscheidung für die Selbstständigkeit schon sehr früh treffen, sodass er gar keine Gelegenheit hatte, Sie in eine Anstellung zu vermitteln.

Ablehnungsgrund Eigenmittel

Eigentlich ist es positiv, wenn Sie über ausreichende Eigenmittel, also Ersparnisse beziehungsweise Vermögen, verfügen. Wenn Ihr Businessplan nicht hundertprozentig aufgeht, können Sie eine finanzielle Durststrecke aus eigener Kraft überwinden. Für Banken sind Sie eher kreditwürdig, weil Sie über Sicherheiten verfügen. Und wenn Sie das Vermögen selbst angespart haben, zeigt das, dass Sie mit Geld umgehen können.

Die Mitarbeiter der Arbeitsagenturen sehen es unter Umständen anders. Wenn jemand über Zehn- oder sogar Hunderttausende Euro verfügt und diese in eine Existenzgründung investieren möchte oder gerade vom bisherigen Arbeitgeber eine hohe Abfindung erhalten hat, wozu braucht derjenige dann noch die finanzielle Unterstützung des Staats?

Dabei handelt es sich beim Gründungszuschuss ebenso wie beim Arbeitslosengeld um eine Versicherungsleistung: Sie haben jahrelang in die Arbeitslosenversicherung eingezahlt. Und das Arbeitslosengeld I wird schließlich auch niemandem gestrichen, weil er über Ersparnisse verfügt.

Trotzdem: Nach einer langen Phase der Rechtssicherheit kam es in den letzten Jahren wieder verstärkt zu Ablehnungen aufgrund vorhandener Eigenmittel, insbesondere bei Gründern, die zuvor eine hohe Abfindung erhalten hatten. Denn dies muss der Abeitsagentur bei der Beantragung des Arbeitslosengeldes gemeldet werden, während die Agentur von den privaten Vermögensverhältnissen in der Regel nichts erfährt.

Wer eine Abfindung erhält, kann und will daran sicher nichts ändern. Allerdings sollte er die Nachteile herausstellen, zum Beispiel erschwerte Vermittelbarkeit nach langjähriger, oft hochspezialisierter Tätigkeit für ein Unternehmen, für die er die Abfindung erhält.

Keinesfalls sollte man sich mit einer mündlichen Ablehnung abfinden, sondern dennoch den Antrag auf Gründungszuschuss stellen und notfalls gerichtlich gegen eine Ablehnung vorgehen. Die Sozialgerichte werden eine derart begründete Ablehnung in aller Regel verwerfen, das zeigen zumindest die bisherigen Urteile.

Tipp

GEGEN FEHLENTSCHEIDUNGEN NOTFALLS GERICHTLICH VORGEHEN

Nach dem Wegfall des Rechtsanspruchs auf Gründungszuschuss wurden vor allem 2012/13 viele Anträge auf Gründungszuschuss von den Arbeitsagenturen aus fadenscheinigen Gründen abgelehnt. Um wieder Rechtssicherheit herzustellen, habe ich (Andreas Lutz), unterstützt von vielen anderen Gründungsberatern, Betroffene an eine Anwaltskanzlei verwiesen, die sich so zu einem Spezialisten für Widersprüche und Klagen gegen abgelehnte Gründungszuschuss-Anträge entwickelt hat. Sie hat zahllose Widersprüche betreut und mehr als 100 Sozialgerichtsklagen initiiert.

In der großen Mehrzahl der Fälle haben die Arbeitsagenturen bereits vor dem eigentlichen Prozess den Gründungszuschuss bewilligt oder ein Vergleichsangebot unterbreitet oder die Kläger haben vor dem Sozialgericht Recht erhalten. Sollte trotz guter Vorbereitung Ihr Antrag auf Gründungszuschuss abgelehnt werden, können die Anwälte aufgrund dieser Erfahrungen die Erfolgschancen rechtlicher Schritte genau abschätzen. Am besten nehmen Sie unter www.jeder-ist-unternehme.de/fragen Kontakt auf und senden den Ablehnungsbescheid ein.

Ablehnungsgrund mangelnder Förderbedarf

Hier geht es nicht um Geld, das Sie bereits besitzen, sondern um Einnahmen, die Sie erwarten. Dabei planen Sie so optimistisch, dass Sie zum Beispiel gar keinen Finanzierungsbedarf haben und sofort oder nach kürzester Zeit nicht nur die laufenden Kosten Ihres Betriebs, sondern auch Ihre Lebenshaltungskosten und Sozialversicherungsbeiträge aus den Einnahmen decken können. Wäre es wirklich so, bräuchten Sie in der Tat keine Förderung.

In aller Regel ist das aber unrealistisch. Nach der Gründung müssen Sie Kunden akquirieren, die beauftragten Leistungen erbringen, sie in Rechnung stellen und dann abwarten, bis die Zahlungen eingehen. Allein dadurch ergibt sich bei realistischer Planung ein Finanzierungsbedarf. Zudem starten die meisten nicht mit 100 Prozent Auslastung, sondern mit ersten kleineren Aufträgen, die sie besonders sorgfältig (und zeitaufwändig) bearbeiten, um sich Referenzkunden aufzubauen.

Ablehnungsgrund mangelnde Tragfähigkeit

Das Gegenteil von mangelndem Förderbedarf ist mangelnde Tragfähigkeit: Es dauert lange, zu lange, bis sich das Geschäft selbst trägt und ihre Lebenshaltungskosten deckt. Der Nachweis, dass ein Vorhaben tragfähig ist, ist das zentrale Ziel jedes Businessplans. Leider haben die Arbeitsagenturen auch hier oft unrealistische Erwartungen. Zu schnell darf sich die Selbstständigkeit nicht rechnen, sonst besteht kein Förderbedarf, zu langsam soll es aber auch nicht gehen. Bei einer Gründung im Dienstleistungsbereich mag es ja noch realistisch sein, dass sich der Betrieb bereits sechs bis zwölf Monate nach Gründung trägt. Bei einer Gründung im Einzelhandel oder in der Gastronomie dauert es jedoch meist länger. Häufig muss die Planung hier sehr optimistisch aussehen, damit die Agenturen die Tragfähigkeit nicht anzweifeln, weil der Break-even bei einem realistischen Szenario wahrscheinlich erst nach 18 bis 24 Monaten erreicht werden kann.

Die gravierendsten Fehler im Textteil des Businessplans

• •

CHECKLISTE
Prüfen Sie den Textteil

→ „Zielgruppe: alle!" – Haben Sie Ihre Zielgruppe nicht genau definiert, weil Sie am liebsten alle ansprechen wollen? Dann werden Sie letztlich niemanden gezielt erreichen. Lesen Sie die Ausführungen zum Thema Zielgruppe in Kapitel 6 unter „Ihre Zielgruppe" noch einmal.

→ „Der Weltmarkt für ... im Jahr 2010 beträgt ..." – Sie haben eine Marktstudie für Ihre Branche gefunden, die eine Vorhersage zur Marktentwicklung enthält? Wenn es darin aber um einen viel zu großen geografischen Raum geht oder die Branche viel zu weit geschnitten ist, dann können Sie aus solchen Zahlen oft nichts weiter ableiten, als dass der Markt in den nächsten Jahren wachsen wird und viele neue Wettbewerber eintreten werden. Lesen Sie die Ausführungen zu den Themen Markt und Wettbewerb in Kapitel 6 unter „Der Markt" noch einmal.

→ „Es gibt keine Wettbewerber." – Haben Sie keine ausführliche Markt- und Wettbewerbsbetrachtung angestellt, zum Beispiel mit der Begründung, dass Sie über eine derart ausgeprägte Alleinstellung verfügen, dass es gar keine relevanten Wettbewerber gibt? Auch in diesem Fall gilt: Befassen Sie sich noch einmal gründlich mit diesem Thema, zurück zu Kapitel 7 und „Der Wettbewerb".

→ Markteintrittsstrategie fehlt – Haben Sie ganz konkret beschrieben, wie Sie an Ihre ersten Kunden kommen werden? Oder ist Ihre ganze Energie in die Beschreibung von Produkt und Technologie geflossen? Lesen Sie die Ausführungen in Kapitel 6 zu „Unternehmen und Produkte" sowie zu „Vertrieb und Kommunikation" noch einmal nach.

→ Marketingvortrag statt Akquisestrategie – In Ihrem Plan sind alle denkbaren Marketingmöglichkeiten beschrieben? Und wie steht es mit dem Vertrieb: Haben Sie womöglich das Thema direkte Kundenansprache vermieden, weil Sie nicht wissen, ob Ihnen das liegt? Ohne eine wasserdichte fokussierte Marketing- und Vertriebsstrategie werden Sie nicht in ausreichender Zahl Kunden gewinnen können. Lesen Sie daher die Ausführungen in Kapitel 6 zu „Vertrieb und Kommunikation" lieber noch einmal.

→ Einmal Flyer verteilen und das Geschäft läuft – Wie steht es denn um die Wirksamkeit der von Ihnen geplanten Marketing- und Vertriebsmaßnahmen? Was sagen Experten und andere Selbstständige dazu? Haben Sie die Wirkung mit einem Prototypen Ihrer Werbung in der Praxis ausgetestet? Die Umwandlungsrate von Kontakten zu Käufern muss stimmen, ansonsten steht Ihr gesamter Businessplan auf tönernen Füßen. Gleiches gilt für die Kontinuität Ihrer Marketingaktivitäten. Sie haben Zweifel? Dann lesen Sie die Ausführungen in Kapitel 6 zu „Vertrieb und Kommunikation" noch einmal.

Die häufigsten Fehler im Zahlenteil des Businessplans

CHECKLISTE

Prüfen Sie Ihre Umsatzplanung

→ Realistische Auslastung/Menge? – Mehr als 200 Tage Auslastung sind für einen Einzelhändler, Gastronomen oder einen anderen Unternehmer mit Publikumsverkehr realistisch, da er (hoffentlich) jeden Tag Kunden hat und sein Geschäft häufig fünf oder sechs Tage in der Woche geöffnet hält, als Internethändler sogar rund um die Uhr. Als typischer Dienstleister, zum Beispiel als freier Mitarbeiter, können Sie aber in aller Regel maximal die Hälfte, im ersten Jahr sogar nur ein Viertel Ihrer tatsächlichen Arbeitszeit in Rechnung stellen, den Rest füllen Akquise und Administration. Wenn Sie im ersten Jahr deutlich mehr als 50 und im zweiten Jahr deutlich mehr als 100 abrechenbare Tage einplanen, müssen Sie dies gut begründen können, wenn Sie nicht in den erstgenannten Branchen gründen.

→ Stundensatz/Pricing realistisch? – Viele Gründer wollen Stundensätze von 100 Euro und mehr erzielen. Dies ist in den allermeisten Branchen nicht realistisch. Viele Akademiker arbeiten zurzeit für 30 Euro und weniger pro Stunde. Selbst im IT-Bereich liegen die mittleren Stundensätze bei „nur" rund 50 Euro, wobei dieser Wert auf der Befragung tausender Selbstständiger beruht, von denen viele bereits einen etablierten Kundenstamm und höhere Preise als ein Anfänger haben. Wenn Sie hohe Stundensätze planen, ohne diese nachvollziehbar begründen zu können, lesen Sie die Ausführungen zum Thema Pricing in Kapitel 3 unter „So bestimmen Sie Ihren Marktpreis" noch einmal.

→ Zeitspanne von Akquise bis Abschluss – Viele Gründer unterschätzen den Zeitraum zwischen den ersten Akquisemaßnahmen und Vertragsabschluss, Leistungserbringung, Rechnungstellung sowie Zahlung. Haben Sie eine realistische Vorstellung von den Zeitspannen? Spiegelt sich dies in Ihrer Umsatzplanung wider? Haben Sie schon konkret absehbare erste Aufträge? Lesen Sie bei Zweifeln noch einmal die Ausführungen in Kapitel 3 unter „ So gelangen Sie zur Umsatzplanung" nach.

→ Umsatzplanung überprüft? – Haben Sie mit Ihren (künftigen) Kunden gesprochen, sie befragt? Haben Sie ihnen einen Prototypen Ihres Produkts vorgeführt? Falls nicht, denken Sie noch einmal darüber nach, eine der Maßnahmen, die in Kapitel 4 beschrieben werden, zur Kontrolle durchzuführen.

• •

• •

CHECKLISTE

Prüfen Sie Ihren kalkulatorischen Unternehmerlohn und die Kosten

→ Kalkulatorischer Unternehmerlohn zu niedrig angesetzt – Wenn Ihr Gewinn, den Sie im Businessplan angeben, selbst in der Planung mittelfristig nicht ausreicht, um Ihren bisherigen Lebensstandard, die Sozialversicherungen und Steuern zu bezahlen, wird die Arbeitsagentur misstrauisch werden – mit Recht. Falls Sie unsicher sind, lesen Sie noch einmal die Ausführungen zur angemessenen Höhe des kalkulatorischen Unternehmerlohns in Kapitel 7 unter „Ihre Messlatte: der kalkulatorische Unternehmerlohn".

→ Zu hohe Fixkosten/unnötige Investitionen – Unnötige Anschaffungen und hohe laufende Verpflichtungen sind wie ein Klotz am Bein, für den Sie selbst gesorgt haben. Viele Gründer und Selbstständige könnten schon längst ihren Lebensunterhalt bequem decken und weniger arbeiten, wenn sie nicht im Elan der Gründungszeit oder der ersten Erfolge ein viel zu großes Auto und viel zu teures Büro angeschafft hätten. Überlegen Sie sich, wie viele abrechenbare Tage im Monat Sie allein für laufende Kosten und Abschreibungen akquirieren und abarbeiten müssen. Je weniger Tage dies sind, umso früher werden Sie beginnen, Gewinn zu machen und somit Ihren Lebensunterhalt zu decken. Und umso eher können Sie auch Zeiten mit niedrigerer Auslastung ohne übermäßige Einschränkungen bei Ihrem privaten Lebensstandard überstehen. Deshalb: Halten Sie die Kosten variabel. Tipps dazu finden in Kapitel 7 unter „Die Planung der Kosten".

➜ Zu später Break-even – Ab wann reicht Ihr Gewinn aus, um den kalkulatorischen Unternehmerlohn zu decken? Sind es deutlich mehr als zwölf Monate? Bedenken Sie, dass Sie als Gründungszuschuss-Empfänger ab dem zehnten Monat Ihre Ersparnisse auflösen oder sich verschulden müssen, um die noch bestehende Lücke zwischen Gewinn und Lebenshaltungskosten zu decken. Ihr Risiko, die Selbstständigkeit wieder aufgeben zu müssen, ist deshalb umso höher, je länger es bis zum Break-even dauert. Sie können die Zeitspanne verkürzen, indem Sie sich zusätzliche Umsatzmöglichkeiten erschließen oder Ihre Kosten senken und variabel halten.

CHECKLISTE
Prüfen Sie Liquiditätsplanung und Finanzierungsplan

➜ Zahlungsfristen und -ausfälle berücksichtigt? – Planen Sie Ihre Umsätze im gleichen Monat auch als Einnahme in Ihrem Liquiditätsplan ein? Einverstanden, wenn Sie nur gegen Barzahlung arbeiten. Ansonsten müssen Sie mit längeren Zahlungsfristen und auch Zahlungsausfällen rechnen. Ihre Einnahmen verschieben sich dadurch im Liquiditätsplan deutlich nach hinten, und Ihr Finanzierungsbedarf kann um ein oder zwei Monatsgehälter ansteigen. Ein peinlicher Fehler, den Sie vermeiden können: Lesen Sie noch einmal die Ausführungen in Kapitel 7 unter „Liquiditätsplan und nötige Finanzierungsmittel".

➜ Förderung als Einnahme eingeplant – Sie sollten nach Ansicht der meisten fachkundigen Stellen den Gründungszuschuss nicht als Einnahme einplanen.

Beim Einstiegsgeld hat sich noch keine eindeutige Linie herauskristallisiert. Hier können Sie die Förderung als Einnahme und dafür einen etwas niedrigeren kalkulatorischen Unternehmerlohn ansetzen.

→ Liquiditätssaldo durchgängig positiv? – Der Liquiditätssaldo am Monatsanfang und -ende sollte im Liquiditätsplan durchgängig positiv sein. Ihren Dispokredit benötigen Sie zur Absicherung anderer Unwägbarkeiten. Lesen Sie bei Unsicherheit noch einmal die Ausführungen dazu (siehe Kapitel 7 unter „Liquiditätsplan und nötige Finanzierungsmittel").

→ Unnötige Finanzierungsmittel ausgewiesen? – Es ist schön, wenn Sie neben den 10.000 Euro für die Finanzierung Ihrer Anlaufzeit auch noch zwei Mietwohnungen und ein Wertpapierdepot besitzen. In Ihrem Businessplan brauchen Sie dies aber nicht anzugeben. Der allgemeine Verweis auf zusätzliche Reserven genügt. Wenn Sie einen Bankkredit beantragen, sind diese Informationen dagegen durchaus relevant. Sie sollten dann aber für die Bank eine getrennte Version Ihres Plans anfertigen.

Andere Ablehnungsgründe bei der Prüfung durch die Arbeitsagentur

Auch die folgenden Gründe können zu einer Ablehnung Ihres Anspruchs auf Gründungszuschuss führen:

→ Seit Einführung des Gründungszuschusses müssen Sie Ihre „Kenntnisse und Fähigkeiten zur Ausübung der selbstständigen Tätigkeit" darlegen. Durch diese zusätzlich eingeführte Bedingung will der Gesetzgeber der Arbeitsagentur einen Ermessensspielraum schaffen, um offensichtlich ungeeigneten Gründern eine Förderung verweigern zu können. Wenn Sie sich im Vorfeld Gedanken über Ihre persönliche Eignung, Ihre Stärken und Schwächen machen, dann werden Sie gegenüber Ihrem Berater sicherlich überzeugend argumentieren können.

→ Sie haben dieselbe Art von selbstständiger Tätigkeit schon vor der Gründung betrieben, und zwar in einem mehr als lediglich nebenberuflichen Umfang oder mit einem Gewinn, der dazu geeignet ist, Ihre Lebenshaltungskosten zu decken.

→ Sie gründen eine GmbH, stellen sich als Geschäftsführer an und vereinbaren ein Gehalt, mit dem Sie Ihre Lebenshaltungskosten decken können.

→ Sie machen sich mit Partnern selbstständig, wobei Ihr Anteil weniger als 50 Prozent beträgt und Sie auch sonst nicht nachweisen können, dass Sie einen bestimmenden Einfluss auf die Entscheidungen der Gesellschaft haben.

→ Sie wollen neben der Selbstständigkeit während der Zeit des Förderungsbezugs eine nichtselbstständige Tätigkeit aufnehmen. Aktuelle Informationen, was während des Gründungszuschuss- und Einstiegsgeld-Bezugs möglich ist, finden Sie unter www.jeder-ist-unternehmer.de/nebentaetigkeit. Unabhängig davon können Sie jederzeit als freier Mitarbeiter („auf Rechnung") für ein Unternehmen tätig werden.

→ Der Anspruch auf Arbeitslosengeld I liegt nicht mehr vor oder bei Gründung sind weniger als 150 Tage Restanspruch vorhanden.

→ Oder im Fall des Einstiegsgelds: Ein Anspruch auf Arbeitslosengeld II liegt nicht vor.

→ Sie verfügen nicht über die nötigen Genehmigungen, um die selbstständige Tätigkeit auch wirklich zu betreiben.

→ Die beabsichtigte selbstständige Tätigkeit ist auf weniger als 15 Stunden pro Woche angelegt.

→ Sie haben die Altersgrenze von 65 Jahren schon überschritten.

→ Bei Ihrer Selbstständigkeit handelt es sich um eine Scheinselbstständigkeit. Dies könnte zum Beispiel der Fall sein, wenn es an eigenem Unternehmerrisiko, eigenem Marktauftritt oder unternehmerischer Freiheit fehlt.

Reichen Sie Ihren Businessplan bei der Arbeitsagentur ein

Wenn Sie die Ratschläge in diesem Buch in die Tat umgesetzt haben und Ihr Businessplan bei Ihren eigenen abschließenden „Checks" bestanden hat, sollten Sie nicht zögern, den Businessplan abschließend durch Ihren Gründungsberater prüfen und sich die fachkundige Stellungnahme erteilen zu lassen. Sie haben gute Chancen, dass ihr Plan ohne weitere Überarbeitungen als tragfähig angenommen wird. Ansonsten sollten Sie gleich zeitnah einen zweiten Termin, bis zu dem Sie die letzten Änderungen vornehmen, mit dem Berater vereinbaren. Oder nehmen Sie Ihren Laptop mit und arbeiten Sie die Anmerkungen gleich vor Ort ein. Anschließend können Sie den Businessplan bei der Arbeitsagentur einreichen.

Sicherlich brennen Sie jetzt darauf, Ihre Planung in die Realität umzusetzen. Auch wenn bis zum offiziellen Gründungstermin noch einige Wochen Zeit sind, ergibt sich aus Ihrem Businessplan bestimmt ein ganzer Katalog von Maßnahmen, die Sie schon jetzt angehen können. Ich wünsche Ihnen viel Erfolg für die erfolgreiche Umsetzung Ihres Geschäftsplans!

Mehr als ein Buch: weitere Serviceleistungen

Zehntausende Gründer haben mithilfe unserer Website und dem dort angebotenen Businessplan-Tool ihre Gründung vorbereitet und erfolgreich Gründungszuschuss und Einstiegsgeld beantragt. Sie alle standen beim Schreiben des Businessplans vor denselben Fragen und Herausforderungen wie Sie jetzt. Basierend auf Fragen und Anregungen unserer Nutzer haben wir dieses Buch sowie eine Reihe von Serviceleistungen entwickelt, die Ihnen dabei helfen werden, schneller und sicherer zu einem überzeugenden Businessplan zu gelangen:

→ Wenn Sie Arbeitslosengeld I beziehen oder nach einer Kündigung grundsätzlich Anspruch darauf hätten, sollten Sie möglichst frühzeitig an unserem kostenlosen Gründungszuschuss-Webinar teilnehmen, damit Sie von Anfang an alles richtig machen und nicht von widersprüchlichen Aussagen der Arbeitsagentur verunsichert werden.

→ Wenn Sie spezielle Fragen haben oder kurzfristig Hilfe benötigen, nutzen Sie am besten unseren Experten-Rückrufservice.

→ Gerne begleiten wir Sie durch den Prozess der Antragstellung und beim Schreiben Ihres Businessplans. Sie erhalten hilfreiches Feedback zu Ihrem Unternehmenskonzept und erhöhen die Chancen auf eine Bewilligung ganz erheblich. Unsere Beratung ist in vielen Fällen förderfähig, sodass 50 bis 80 Prozent der Kosten von öffentlichen Stellen übernommen werden – unabhängig davon, ob Sie über eine Gründung nachdenken, sich gerade selbstständig machen oder es schon seit Jahren sind. Nehmen Sie mit uns Kontakt auf.

→ In zahlreichen Städten bieten wir unsere speziellen Gründungszuschuss- und Businessplan-Workshops an, die das vorliegende Buch ergänzen und Ihnen dabei helfen, den Businessplan schnell in die Tat umzusetzen.

→ Die Angst vor dem Zahlenteil nimmt Ihnen unser zehntausendfach bewährtes Businessplan-Tool. Sie füllen einen gut verständlichen Fragebogen aus und auf Grundlage Ihrer Antworten werden automatisch sämtliche nötigen Berechnungen angestellt. Zudem erhalten Sie eine Word-Vorlage für den Textteil Ihres Businessplans. Der Aufbau entspricht exakt der in diesem Buch vorgestellten Vorgehensweise und Gliederung.

→ Damit Sie keine wichtigen Änderungen zum Thema verpassen, sollten Sie auf jeden Fall unsere „News2Use" abonnieren. Fast 100.000 Gründer und Selbstständige lesen regelmäßig diesen Newsletter.

Weitere Informationen zu all diesen Aktivitäten und Serviceangeboten finden Sie unter www.jeder-ist-unternehmer.de.

STICHWORTVERZEICHNIS